Topology

위상수학

| 김준희 지음 |

KM 경문사

머리말

위상수학은 현대 수학에서 공간과 형태를 연구하는 중요한 학문으로, 수학적 사고의 영역을 넓혀 주는 필수적인 도구를 제공한다. 위상수학은 물리학, 생물학, 컴퓨터 과학, 경제학 등 다양한 분야에 응용되고 있다. 이 책은 위상수학을 처음 접하는 학부생과 중등교사 임용시험을 준비하는 예비교사를 위해 기초 개념을 쉽게 이해하고, 논리적 사고와 증명 능력을 함께 기를 수 있도록 구성되어 있다.

20여 년간 대학에서 위상수학을 가르치며, 저자는 많은 학생들이 위상수학의 추상적 성질과 그 구조적 특성 때문에 혼란을 겪고 어려워 하는 것을 미력하게나마 해소하기 위해 집필을 시작하기로 결정하였다. 이 책에서는 중요한 개념을 단계적으로 설명하고, 이해를 돕는 다양한 예제와 증명 방식을 통해 독자들이 자연스럽게 위상적 직관을 쌓아 나가도록 돕고자 했다. 또한 각 장의 핵심 개념이 실제로 어떻게 적용되는지 다양한 문제를 통해 학습할 수 있는 기회를 제공한다.

각 장은 정의와 정리를 중심으로 논리적 흐름을 따라 전개되며, 독자들이 수학적 논증의 과정에 익숙해지도록 도와주고, 각 절의 연습문제는 학습 내용을 실제로 적용할 기회를 제공하여 독자들이 개념을 자기주도적으로 탐구하고, 깊이 있는 학습을 할 수 있도록 하였다. 첫 장에서는 위상공간의 정의와 열린집합, 닫힌집합, 기저와 부분기저를 설명하여 위상수학의 기초를 다지고, 이어서 거리공간, 위상동형, 연결성과 컴팩트성, 분리공리 등의 주요 개념을 학습한다. 특히 곱공간과 상공간에 대한 장에서는 유한 및 무한 곱공간과 다양한 위상적 변형을 다루어, 새로운 공간이 구성되는 방식을 깊이 있게 이해할 수 있도록 안내한다. 이를 통해 독자들은 다양한 위상적 개념이 하나의 구조 안에서 어떻게 상호작용하는지를 학습하게 된다.

위상수학은 다소 추상적이고 어렵게 느껴질 수 있지만, 그만큼 논리적이고 창의적인 사고를 자극하는 학문이다. 이 책이 독자들에게 위상수학의 기초를 단단히 다지고, 더 나아가 폭넓은 응용 능력을 기를 수 있는 밑거름이 되기를 바란다.

끝으로, 학부 시절부터 아낌없이 지도해 주신 조명현 교수님께 깊은 감사의 마음을 전하고, 증명과 내용을 검토해 준 최상범 군과 언제나 옆에서 응원해 준 사랑하는 가족에게도 이 자리를 빌려 감사의 뜻을 표한다. 아울러 이 책의 출판에 많은 도움을 주신 경문사 관계자분들께도 감사드린다.

저자

차 례

제 1 장

위상공간

이 장에서는 위상수학의 가장 기초가 되는 위상, 열린집합, 닫힌집합 등의 개념과 기본적인 성질들에 대하여 살펴보고자 한다.

1.1 위상과 열린집합

우리는 앞으로 X의 **멱집합(power set)** 즉, X의 모든 부분집합들로 구성된 집합족을 $\mathcal{P}(X)$로 나타내겠다.

정의 1.1.1. X가 공집합이 아닌 집합이고 $\mathcal{T} \subseteq \mathcal{P}(X)$이라 하자. $\mathcal{T}$가 다음 조건을 만족할 때, $\mathcal{T}$를 **X 위의 위상(topology on X)**이라 말한다:

(a) $\varnothing \in \mathcal{T}$ 그리고 $X \in \mathcal{T}$.

(b) 임의의 부분집합족 $\mathcal{U} \subseteq \mathcal{T}$에 대하여, $\cup\mathcal{U} \in \mathcal{T}$.

(c) 임의의 두 원소 $A, B \in \mathcal{T}$에 대하여, $A \cap B \in \mathcal{T}$.

이때, $(X, \mathcal{T})$를 **위상공간(topological space)**라 하고, 간단히 X를 위상공간이라고도 한다. 그리고 위상 $\mathcal{T}$의 원소들을 X의 **열린 부분집합(open subset of X)** 또는 X에서 **열려 있다(open in X)**라 한다.

$(X, \mathcal{T})$가 위상공간이고 $A \subseteq X$일 때, A를 위상공간 $(X, \mathcal{T})$의 부분집합이라고도 한다. 그리고 앞으로 위상공간 $(X, \mathcal{T})$에서 언급이 없어도 X는 공집합이 아닌 집합이라 가정한다.

보기 1.1.2. $X = \{1, 2, 3\}$이고

$$\mathcal{T} = \{\varnothing, X, \{1\}, \{1, 2\}\}$$

라 하자. 그러면 $\mathcal{T}$는 X 위의 위상이다.

풀이 이것은 정의에 의해 명백하다. □

보기 1.1.2의 집합족 $\mathcal{T}$는 유한이기 때문에 정의 1.1.1의 모든 조건을 만족함을 쉽게 증명할 수 있다. 그러나 $\mathcal{T}$가 무한인 경우는 그것의 원소들을 모두 나열할 수 없기 때문에, $\mathcal{T}$가 위상임을 증명하기 위해서는 논리적 오류가 나타나지 않게 조심해서 증명을 서술해야 한다. 다음 보기는 위상이 무한인 경우의 한 예이다.

보기 1.1.3. $\mathbb{N}$이 양의 정수들의 집합이고 각 $n \in \mathbb{N}$에 대하여 $U_n = \{1, 2, \cdots, n\}$이라 하자. 그리고 $\mathcal{T}$가 다음과 같이 주어져 있다고 하자.

$$\mathcal{T} = \{\varnothing, \mathbb{N}\} \cup \{U_n \mid n \in \mathbb{N}\}$$

라 하자. 그러면 $(\mathbb{N}, \mathcal{T})$는 위상공간이다.

풀이 $\mathcal{T}$가 정의 1.1.1을 만족함을 증명해야 한다.

(a) 분명히 $\varnothing \in \mathcal{T}$이고 $\mathbb{N} \in \mathcal{T}$이다.

(b) $\mathcal{U} \subseteq \mathcal{T}$이라 하자. 일반성을 잃지 않고 $\varnothing \notin \mathcal{U}$, $\mathbb{N} \notin \mathcal{U}$라 가정할 수 있다(왜?). 만약 $\mathcal{U}$가 유한 즉,

$$\mathcal{U} = \{U_{n_1}, U_{n_2}, \cdots, U_{n_j}\}$$

이면, $n_0 = \max\{n_1, n_2, \cdots, n_j\}$로 놓자. 그러면 $\cup\mathcal{U} = U_{n_0}$, $n_0 \in \mathbb{N}$이므로 $\cup\mathcal{U} \in \mathcal{T}$이다.

만약 $\mathcal{U}$가 무한이면, $\cup\mathcal{U} = \mathbb{N}$임을 보이겠다. $k \in \mathbb{N}$이라 하자. 그러면 $k \in U_k$이다. 또한 $\mathcal{U}$가 무한이므로 $U_k \subseteq U_n$인 $U_n \in \mathcal{U}$이 존재한다. 따라서 $k \in U_n \subseteq \cup\mathcal{U}$이다. 즉, $\mathbb{N} \subseteq \cup\mathcal{U}$이다. $\mathcal{U}$의 정의에 의해 $\cup\mathcal{U} \subseteq \mathbb{N}$이므로 $\cup\mathcal{U} = \mathbb{N}$이다. 그러므로 $\cup\mathcal{U} \in \mathcal{T}$이다.

(c) $A, B \in \mathcal{T}$라 하자. (b)와 비슷하게 A, B 모두 $\varnothing$도 아니고 $\mathbb{N}$도 아니라고 가정할 수 있다. 그러면 $A = U_m$, $B = U_n$인 $m, n \in \mathbb{N}$이 존재한다. $k = \min\{m, n\}$이라 하자. 그러면 $A \cap B = U_k$, $k \in \mathbb{N}$이므로 $A \cap B \in \mathcal{T}$이다.

그러므로 $\mathcal{T}$는 정의 1.1.1의 조건 (a), (b), (c)를 모두 만족한다. 즉, $(\mathbb{N}, \mathcal{T})$는 위상공간이다. □

보기 1.1.4. $X = \{1, 2, 3, 4\}$이고

$$\mathcal{T} = \{X, \varnothing, \{2\}, \{1, 2\}, \{2, 3\}\}$$

이라 하자. 그러면 $\mathcal{T}$는 집합 X 위의 위상이 아니다.

풀이 $\{1, 2\} \in \mathcal{T}$이고 $\{2, 3\} \in \mathcal{T}$이지만

$$\{1, 2\} \cup \{2, 3\} = \{1, 2, 3\} \notin \mathcal{T}$$

이다. 정의 1.1.1의 조건 (b)를 만족하지 않으므로 $\mathcal{T}$는 X 위의 위상이 아니다. □

보기 1.1.5. $X = \{1, 2, 3, 4\}$이고

$$\mathcal{T} = \{X, \varnothing, \{1, 2\}, \{2, 3\}, \{1, 2, 3\}\}$$

이라 하자. 그러면 $\mathcal{T}$는 집합 X 위의 위상이 아니다.

풀이 $\{1, 2\} \in \mathcal{T}$이고 $\{2, 3\} \in \mathcal{T}$이지만

$$\{1, 2\} \cap \{2, 3\} = \{2\} \notin \mathcal{T}$$

이다. 정의 1.1.1의 조건 (c)를 만족하지 않으므로 $\mathcal{T}$는 X 위의 위상이 아니다. □

정리 1.1.6. 공집합이 아닌 임의의 집합 X에 대하여

$$\mathcal{T} = \{X, \varnothing\}, \qquad \mathcal{D} = \mathcal{P}(X)$$

이라 하자. 그러면 $\mathcal{T}$과 $\mathcal{D}$는 모두 X 위의 위상이다.

증명 연습문제 □

정리 1.1.6의 위상 $\mathcal{T}$를 X 위의 **비이산위상(indiscrete topology)**이라 하고 $(X, \mathcal{T})$를 **비이산공간(indiscrete space)**이라 말한다. 그리고 $\mathcal{D}$를 X 위의 **이산위상(discrete topology)**이라 하고 $(X, \mathcal{D})$를 **이산공간(discrete space)**이라 말한다.

정리 1.1.7. $\mathcal{T}$가 집합 X 위의 위상이라 하자. 임의의 유한부분집합족 $\mathcal{U} \subseteq \mathcal{T}$에 대하여 $\cap\mathcal{U} \in \mathcal{T}$이다. 즉, 임의의 유한 개의 열린집합들의 교집합은 열린집합이다.

증명 수학적 귀납법을 이용하여 증명하자. 정의 1.1.1에 의해 분명히 두 개의 열린집합의 교집합은 열린집합이다. $n \geq 2$인 자연수 n에 대하여 n개의 열린집합들의 교집합이 열린집합이라 가정하고 $\mathcal{U} = \{U_i \mid i = 1, 2, \cdots, n, n+1\}$이라 하자. 그러면

$$\cap\mathcal{U} = (\cap_{i=1}^{n} U_i) \cap U_{n+1}$$

이고 $\cap_{i=1}^{n} U_i \in \mathcal{T}$, $U_{n+1} \in \mathcal{T}$이기 때문에 다시 정의 1.1.1에 의해 $\cap\mathcal{U} \in \mathcal{T}$이다. 그러므로 수학적 귀납법에 의해 임의의 유한 개의 열린집합들의 교집합은 열린집합이다. □

정리 1.1.7에 의해 위상을 다음과 같이 정의할 수도 있다.

X가 공집합이 아닌 집합이고 $\mathcal{T} \subseteq \mathcal{P}(X)$이라 하자. $\mathcal{T}$가 다음 조건을 만족할 때, $\mathcal{T}$를 X **위의 위상(topology on X)**이라 말한다:

(a) $\varnothing \in \mathcal{T}$ 그리고 $X \in \mathcal{T}$.

(b) 임의의 부분집합족 $\mathcal{U} \subseteq \mathcal{T}$에 대하여, $\cup\mathcal{U} \in \mathcal{T}$.

(c) 임의의 유한 부분집합족 $\mathcal{U} \in \mathcal{T}$에 대하여, $\cap\mathcal{U} \in \mathcal{T}$.

위상공간과 열린집합의 정의로부터 다음 정리를 얻는다.

정리 1.1.8. $(X, \mathcal{T})$가 위상공간이라 하자. 그러면 다음이 성립한다:

(a) $\varnothing$와 X는 열린집합이다.

(b) 임의의 열린집합들의 합집합은 열린집합이다.

(c) 임의의 유한 개의 열린집합들의 교집합은 열린집합이다.

증명 정의로부터 바로 얻어지므로 증명은 독자에게 맡긴다. □

연습문제 1.1

1. 정리 1.1.6의 $\mathcal{T}$와 $\mathcal{D}$가 각각 X 위의 위상임을 증명하시오.

2. $\mathcal{T}$가 집합 X 위의 위상일 때, 분명히 $\{X, \varnothing\} \subseteq \mathcal{T} \subseteq \mathcal{P}(X)$이다.
   집합 $X = \{1, 2, 3\}$ 위의 위상을 모두 구하시오. 몇 개인가?

3. 집합 $X = \{1, 2, 3, 4\}$ 위의 위상을 모두 구하시오. 몇 개인가?

4. 모든 정수들의 집합 $\mathbb{Z}$에 대하여, 다음 $\mathcal{T}$가 $\mathbb{Z}$ 위의 위상임을 증명하시오.
$$\mathcal{T} = \{\mathbb{Z}, \varnothing\} \cup \{U_n \mid n \in \mathbb{Z}\}$$
   단, $U_n = \{k \in \mathbb{Z} \mid -n < k < n\}$이다.

5. 모든 실수들의 집합 $\mathbb{R}$에 대하여, 다음 $\mathcal{T}$가 $\mathbb{R}$ 위의 위상이 아님을 증명하시오.
$$\mathcal{T} = \{\mathbb{R}, \varnothing\} \cup \{U_n \mid a \in \mathbb{Q}\}$$
   단, $U_n = \{x \in \mathbb{Q} \mid -a < x < a\}$이다.

6. $\mathbb{R}$의 부분집합인 열린구간 $X = (-1, 1)$에 대하여,
$$\mathcal{T} = \{X, \varnothing\} \cup \left\{U_n = \left(-\frac{1}{n}, \frac{1}{n}\right) \mid n \in \mathbb{N}\right\}$$
   를 생각하자. 다음 물음에 답하시오.
   (a) $\mathcal{T}$가 X 위의 위상임을 증명하시오.
   (b) $\cap_{n=1}^{\infty} U_n$을 구하시오. [이것은 무한 개의 열린집합의 교집합이 열린집합이 아닐 수도 있다는 것을 말해준다.]

7. $(X, \mathcal{T})$가 위상공간이고 임의의 점 $x \in X$에 대하여 $\{x\} \in \mathcal{T}$이라 하자. $(X, \mathcal{T})$가 이산 공간임을 증명하시오.

8. $\mathbb{R}$이 모든 실수들의 집합, $p \notin \mathbb{R}$, $X = \mathbb{R} \cup \{p\}$이라 하자.

$$\mathcal{T} = \{\varnothing\} \cup \{U \subseteq X \mid p \in U\}$$

가 X 위의 위상임을 증명하시오.

9. A가 임의의 무한집합, $p \notin A$, $X = A \cup \{p\}$이라 하자.

$$\mathcal{T} = \mathcal{P}(A) \cup \{U \subseteq X \mid p \in U, X - U\text{는 유한집합}\}$$

가 X 위의 위상임을 증명하시오.

1.2 닫힌집합

우리는 1.1 절에서 열린집합의 개념과 몇몇 성질들을 살펴보았다. 위상공간이 어떤 성질을 갖는지 규명할 때 열린집합 뿐만 아니라 아래에서 소개하는 닫힌집합도 매우 중요한 역할을 한다는 것을 곧 알게 될 것이다.

정의 1.2.1. $(X, \mathcal{T})$가 위상공간이라 하자. X의 부분집합 F에 대하여

$$X - F \in \mathcal{T} \text{ 즉, } X - F\text{가 열린집합일 때,}$$

F를 X의 **닫힌 부분집합(closed subset)**, 또는 X에서 **닫혀 있다(closed in** X**)**라 한다.

다음 정리는 위상공간의 닫힌 부분집합들의 모임이 갖는 성질들로서 열린집합들의 모임이 갖는 성질들과 비슷하다.

정리 1.2.2. $(X, \mathcal{T})$가 위상공간이라 하자. 그러면 다음이 성립한다:

(a) $\varnothing$와 X는 닫힌집합이다.

(b) 임의의 닫힌집합들의 교집합은 닫힌집합이다.

(c) 임의의 유한 개의 닫힌집합들의 합집합은 닫힌집합이다.

증명 (a) X는 열린집합이고 $\varnothing = X - X$이므로 $\varnothing$은 닫힌집합이다. 비슷하게 $\varnothing$은 열린집합이고 $X = X - \varnothing$이므로 X는 닫힌집합이다.

(b) 임의의 닫힌집합들의 모임을 $\mathcal{F} = \{F_i \mid i \in I\}$라 하자. 그러면 각 $i \in I$에 대하여 $X - F_i$는 열린집합이다.

$$X - \cap_{i\in I} F_i = \cup_{i\in I}(X - F_i)$$

이고 $\cup_{i\in I}(X - F_i)$가 열린집합이므로 $\cap_{i\in I} F_i$는 닫힌집합이다.

(c) 이것은 두 닫힌집합에 대하여 성립함을 보이는 것으로 충분하다. A와 B가 X의 닫힌집합이라 하자. 그러면 $X - A$와 $X - B$는 모두 열린집합이고

$$X - (A \cap B) = (X - A) \cup (X - B)$$

이므로 $X - (A \cap B)$는 열린집합이다. 그러므로 $A \cap B$는 닫힌집합이다. □

보기 1.2.3. 집합 $X = \{1, 2, 3, 4\}$ 위에 위상

$$\mathcal{T} = \{\varnothing, X, \{1\}, \{2\}, \{1, 2\}, \{2, 3, 4\}\}$$

가 주어져 있다고 하자. 닫힌집합들을 모두 구하고, 열린집합과 닫힌집합 사이에 함의관계가 있는지 확인하시오.

풀이 $\mathcal{T}$의 원소들은 열린집합이므로, 다음은 위상공간 $(X, \mathcal{T})$의 모든 닫힌집합들이다:

$$X,\ \varnothing,\ \{2,3,4\},\ \{1,3,4\},\ \{3,4\},\ \{1\}.$$

특히

$$X,\ \varnothing,\ \{1\},\ \{2,3,4\}$$

는 모두 열린집합이면서 닫힌집합이다. 또한 $\{2\}$는 열린집합이지만 닫힌집합이 아니고, $\{3, 4\}$는 닫힌집합이지만 열린집합이 아니다. 마지막으로 $\{1, 4\}$는 열린집합도 닫힌집합도 아니다. □

보기 1.2.3에서 보았듯이 위상공간 $(X, \mathcal{T})$의 부분집합 A를 이분법적으로 열린집합이 아니면 닫힌집합이라고 말할 수 없다. 일반적으로 다음 네 가지 경우 모두 가능하다는 것에 유의해야 한다:

- A는 열린집합이면서 닫힌집합이다.
- A는 열린집합이지만 닫힌집합이 아니다.
- A는 닫힌집합이지만 열린집합이 아니다.
- A는 열린집합도 아니고 닫힌집합도 아니다.

정의 1.2.4. 위상공간 $(X, \mathcal{T})$의 부분집합 A가 열린집합이면서 닫힌집합일 때, A를 **열린닫힌집합(closed and open set, clopen set)**이라 말한다.

정리 1.2.5. 임의의 집합 X에 대하여 집합족

$$\mathcal{T}_f = \{\varnothing\} \cup \{A \subseteq X \mid X - A\text{는 유한}\}$$

는 X 위의 위상이다.

증명 분명히 $\varnothing \in \mathcal{T}_f$이다. 또한 $X - X = \varnothing$는 유한집합이므로 $X \in \mathcal{T}_f$이다.

$\mathcal{U} \subseteq \mathcal{T}_f$라 하자. 일반성을 잃지 않고 $\varnothing \notin \mathcal{U}$, $X \notin \mathcal{U}$라 가정할 수 있다(왜?). 그러면 모든 $U \in \mathcal{U}$에 대하여 $X - U$는 유한집합이다. 한 원소 $U_0 \in \mathcal{U}$를 고정하자. 그러면

$$X - \cup\mathcal{U} = \cap_{U\in\mathcal{U}}(X - U) \subseteq X - U_0$$

이므로 $X - \cup\mathcal{U}$는 유한집합이다. 따라서 $\cup\mathcal{U} \in \mathcal{T}_f$이다.

$A, B \in \mathcal{T}_f$라 하자. 마찬가지로 일반성을 잃지 않고 A와 B는 모두 $\varnothing$도 X도 아니라 가정할 수 있다(왜?). 그러면 $X - A$와 $X - B$는 유한집합이다.

$$X - (A \cap B) = (X - A) \cup (X - B)$$

은 두 유한집합의 합집합이므로 유한집합이다. 따라서 $A \cap B \in \mathcal{T}_f$이다.

그러므로, $\mathcal{T}_f$는 X 위의 위상이다. □

정의 1.2.6. 임의의 집합 X에 대하여

$$\mathcal{T}_f = \{\varnothing\} \cup \{A \subseteq X \mid X - A\text{는 유한}\}$$

를 X 위의 **여유한위상(유한닫힌위상, cofinite topology, finite-closed topology)**이라 하고, $(X, \mathcal{T})$를 **여유한공간(cofinite space)**이라 말한다.

주목 1.2.7. 여유한공간 $(X, \mathcal{T}_f)$의 부분집합 F가 유한이라 하자. 그러면 $X - (X - F) = F$가 유한이므로 $X - F \in \mathcal{T}_f$이다. 즉, 여유한공간의 모든 유한 부분집합들은 닫힌집합이다. 이러한 이유로 이 위상 $\mathcal{T}_f$를 유한닫힌위상이라 부르기도 한다. 물론 X도 닫힌집합이므로 여유한위상 $\mathcal{T}_f$는 닫힌집합이 X 또는 유한집합뿐인 위상이다.

연습문제 1.2

1. 연습문제 1.1.4에 있는 위상공간 $(\mathbb{Z}, \mathcal{T})$의 닫힌집합들을 모두 구하시오.

2. 연습문제 1.1.6에 있는 위상공간 $(X, \mathcal{T})$에서 집합 $\cap_{n=1}^{\infty} U_n$은 열린집합이 아님을 증명하였다. 그것이 닫힌집합도 아님을 증명하시오.

3. $(X, \mathcal{T}_f)$가 여유한공간이라 하자. X가 유한집합일 때 $\mathcal{T}_f$가 이산위상임을 증명하시오.

4. 모든 자연수들의 집합 $\mathbb{N}$ 위에 여유한위상 $\mathcal{T}_f$가 주어져 있다고 하자. 위상공간 $(\mathbb{N}, \mathcal{T}_f)$에서 다음을 만족하는 닫힌집합들을 찾고 그 이유를 설명하시오:

   각 $n \in \mathbb{N}$에 대하여 F_n은 닫힌집합이지만 $\cup_{n \in \mathbb{N}} F_n$은 닫힌집합이 아니다.

   [이것은 무한 개의 닫힌집합들의 합집합이 닫힌집합이 아닐 수도 있다는 것을 말해준다.]

5. $(X, \mathcal{T})$가 위상공간이고 U는 X의 열린집합, C는 X의 닫힌집합이라 하자. $U - C$는 X의 열린집합이고 $C - U$는 X의 닫힌집합임을 증명하시오.

1.3 기저와 부분기저

위상공간 $(X, \mathcal{T})$에서 열린집합을 고려해야 할 때, 특별한 경우를 제외하고는 그것이 어떤 형태인지 직관적으로 인지하는 것이 쉽지 않다. 위상수학과 분야는 다르지만 선형대수학에서 2차원 벡터공간의 임의의 2차원 벡터를 기저벡터들의 1차결합으로 나타낼 수 있는 것처럼, 위상수학에서도 임의의 열린집합을 특별하게 구성된 기저라는 집합족의 합집합으로 나타낼 수 있다. 어떤 성질을 입증하고자 할 때 모든 열린집합에 대하여 생각하는 것보다 기저를 이용하는 것이 매우 유용하다. 물론 선형대수학에서의 기저와 위상수학에서의 기저는 이름만 같을 뿐 그 정의는 완전히 다르다.

먼저 한 집합 X 위에 위상 $\mathcal{T}$가 주어져 있을 때, 기저의 정의를 살펴보자.

정의 1.3.1. $(X, \mathcal{T})$가 위상공간이라 하자. 열린집합들의 집합족 $\mathcal{B} \subseteq \mathcal{T}$가

$$(*) \quad \text{임의의 } U \in \mathcal{T}\text{에 대하여, } U = \cup\mathcal{B}'\text{인 } \mathcal{B}' \subseteq \mathcal{B}\text{가 존재한다.}$$

를 만족할 때, $\mathcal{B}$를 $\mathcal{T}$**에 대한 기저(base (or basis) for** $\mathcal{T}$)라 말한다. 또한 $\mathcal{B}$를 **위상공간** $(X, \mathcal{T})$**에 대한 기저**라고도 말한다.

주목 1.3.2. (a) 정의 1.3.1에서 $\mathcal{B}' = \varnothing$라 놓자. 그러면 $\varnothing = \cup\mathcal{B}'$(비어 있는 합집합)이고 $\mathcal{B}' \subseteq \mathcal{B}$이므로 $\varnothing$도 명제 $(*)$를 만족한다. 그러므로 집합족 $\mathcal{B}$가 위상 $\mathcal{T}$에 대한 기저임을 증명할 때, 공집합이 아닌 열린집합에 대해서만 증명을 해도 충분하다.

(b) 정의 1.3.1의 명제 $(*)$는 다음과 동치이다(연습문제):

임의의 $U \in \mathcal{T}$와 임의의 $x \in U$에 대하여, $x \in B_x \subseteq U$인 $B_x \in \mathcal{B}$가 존재한다.

보기 1.3.3. 임의의 집합 X에 대하여 $\mathcal{B} = \{\{x\} \mid x \in X\}$라 하자. 그러면 $\mathcal{B}$는 이산공간 $(X, \mathcal{D})$에 대한 기저이다.

풀이 $\mathcal{U} \in \mathcal{D}$라 하자. 주목 1.3.2에 의하여 U가 공집합이 아니라 가정할 수 있다. $\mathcal{B}' = \{\{x\} \in \mathcal{B} \mid x \in U\}$라 하자. 그러면

$$U = \bigcup_{x \in U} \{x\}$$

이므로 $U = \cup\mathcal{B}'$이다. 그러므로 $\mathcal{B}$는 이산위상 $\mathcal{D}$에 대한 기저이다. □

보기 1.3.4. 임의의 집합 X에 대하여 $\mathcal{B} = \{A \subseteq X \mid X - A$는 유한$\}$라 하자. 그러면 $\mathcal{B}$는 여유한공간 $(X, \mathcal{T}_f)$에 대한 기저이다.

풀이 $\mathcal{T}_f = \{\varnothing\} \cup \mathcal{B}$이기 때문에, $\varnothing$에 대해서만 기저의 정의를 만족함을 증명하면 된다. 그런데 주목 1.3.2에 의해 이것은 명백하므로 $\mathcal{B}$는 여유한공간에 대한 기저이다. □

보기 1.3.5. $X = \{a, b, c, d\}$에 대하여

$$\mathcal{B} = \{\{a, b\}, \{b, c, d\}\}$$

라 하자. 그러면 $\mathcal{B}$는 X 위의 어떤 위상에 대해서도 기저가 아니다.

풀이 (모순법) $\mathcal{B}$가 X 위의 어떤 위상 $\mathcal{T}$에 대한 기저라 하자. 그러면 기저의 정의에 의해 $\mathcal{B} \subseteq \mathcal{T}$이다. 즉, $\{a, b\} \in \mathcal{T}$이고 $\{b, c, d\} \in \mathcal{T}$이다. 따라서

$$\{a, b\} \cap \{b, c, d\} = \{b\} \in \mathcal{T}$$

이다. 그러나 $\{b\} = \cup\mathcal{B}'$인 $\mathcal{B}' \subseteq \mathcal{B}$이 존재하지 않으므로 모순이다. □

이러한 이유로 집합 X 위에 위상이 주어져 있지 않을 때 X의 부분집합들로 이루어진 집합족 $\mathcal{B}$가 (미지의) 위상에 대한 기저가 될 조건이 무엇인지 살펴볼 필요가 있다. 다음 정리는 (미지의) 위상에 대한 기저일 필요충분조건을 보여준다. 이것을 (미지의) 위상에 대한 기저의 정의로 소개하는 저자도 있으니 참고하기 바란다.

정리 1.3.6. 집합 X에 대하여 $\mathcal{B} \subseteq \mathcal{P}(X)$라 하자. $\mathcal{B}$가 어떤 (미지의) 위상 $\mathcal{T}$에 대한 기저일 필요충분조건은

(a) $X = \cup\mathcal{B}$.

(b) $B_1, B_2 \in \mathcal{B}$이고 $x \in B_1 \cap B_2$이면 $x \in B_x \subseteq B_1 \cap B_2$를 만족하는 $B_x \in \mathcal{B}$가 존재한다.

증명 (⇒) $\mathcal{B}$가 어떤 위상 $\mathcal{T}$에 대한 기저라 하자.

$X \in \mathcal{T}$이므로, 기저의 정의에 의해 $X = \cup\mathcal{B}'$인 $\mathcal{B}$의 부분집합족 $\mathcal{B}'$이 존재한다. 그러면

$$X = \cup\mathcal{B}' \subseteq \cup\mathcal{B} \subseteq X$$

이므로 $X = \cup\mathcal{B}$이다.

이제 $B_1, B_2 \in \mathcal{B}$이고 $x \in B_1 \cap B_2$라 하자. $B_1, B_2 \in \mathcal{T}$이므로 $B_1 \cap B_2 \in \mathcal{T}$이다. 따라서 기저의 정의에 의해 $B_1 \cap B_2 = \cup\mathcal{B}'$인 $\mathcal{B}$의 부분집합족 $\mathcal{B}'$이 존재한다. 그러면 $x \in \cup\mathcal{B}'$이기 때문에, 어떤 $B_x \in \mathcal{B}'$에 대하여 $x \in B_x$이다. 그러므로 $x \in B_x \subseteq B_1 \cap B_2$이고 $B_x \in \mathcal{B}$이다.

(⇐) $\mathcal{B}$가 조건 (a)와 (b)를 만족한다고 가정하자. 우리는 $\mathcal{B}$가 어떤 위상에 대한 기저임을 보여야 한다. 먼저 집합족

$$\mathcal{T} = \{\cup\mathcal{B}' \mid \mathcal{B}' \subseteq \mathcal{B}\}.$$

가 X 위의 위상임을 보이자.

조건 (a)에 의해 $X = \cup\mathcal{B} \in \mathcal{T}$이다. 또한 $\mathcal{B}' = \varnothing$에 대하여 $\varnothing = \cup\mathcal{B}'$이므로 $\varnothing \in \mathcal{T}$이다.

$\mathcal{U}$가 $\mathcal{T}$의 임의의 부분집합족이라 하자. 그러면 각 $U \in \mathcal{U}$에 대하여 $U = \cup\mathcal{B}_U$인 $\mathcal{B}_U \subseteq \mathcal{B}$가 존재한다. 따라서

$$\cup\mathcal{U} = \bigcup_{U\in\mathcal{U}} U = \bigcup_{U\in\mathcal{U}} (\cup\mathcal{B}_U) = \cup\{B \in \mathcal{B}_U \mid U \in \mathcal{U}\}$$

이다. $\mathcal{B}' = \{B \in \mathcal{B}_U \mid U \in \mathcal{U}\}$라 놓으면 $\mathcal{T}$의 정의에 의해 $\cup\mathcal{U} \in \mathcal{T}$이다.

이제 $U, V \in \mathcal{T}$이라 하자. $U \cap V = \varnothing$인 경우는 분명히 $U \cap V \in \mathcal{T}$이다. $U \cap V \neq \varnothing$인 경우, $U = \cup\mathcal{B}_U$이고 $V = \cup\mathcal{B}_V$인 $\mathcal{B}$의 두 부분집합족 $\mathcal{B}_U$, $\mathcal{B}_V$가 존재한다. 각 $x \in U \cap V$에 대하여

$$x \in B_1 \subseteq U \qquad x \in B_2 \subseteq V$$

인 $B_1 \in \mathcal{B}_U$, $B_2 \in \mathcal{B}_V$를 선택하자. 그러면 조건 (b)에 의해

$$x \in B_x \subseteq B_1 \cap B_2 \subseteq U \cap V$$

을 만족하는 $B_x \in \mathcal{B}$가 존재하여

$$U \cap V = \cup\{B_x \in \mathcal{B} \mid x \in U \cap V\}$$

이 성립한다. 따라서 $U \cap V \in \mathcal{T}$이다. 이로써 $\mathcal{T}$가 X 위의 위상임을 증명하였다.

$\mathcal{T}$의 정의에 의해 분명히 $\mathcal{B}$는 위상 $\mathcal{T}$에 대한 기저이다. □

정의 1.3.7. 임의의 집합 X에 대하여 $\mathcal{B} \subseteq \mathcal{P}(X)$가 어떤 위상 $\mathcal{T}$에 대한 기저일 때, $\mathcal{T}$를 **$\mathcal{B}$에 의해 생성된 위상(유도된 위상, topology generated by $\mathcal{B}$, topology induced by $\mathcal{B}$)**이라 말하고, $\mathcal{T}$를 $\mathcal{T}_{\mathcal{B}}$로 나타낸다.

보기 1.3.8. $X = \{a, b, c, d\}$에 대하여

$$\mathcal{B} = \{\{b\}, \{a, b\}, \{b, c, d\}\}$$

라 하자. 그러면 $\mathcal{B}$는 X 위의 어떤 위상에 대한 기저이다.

풀이 정리 1.3.6의 증명에서와 같이 다음 집합족 $\mathcal{T}_\mathcal{B}$를 생각하자:

$$\mathcal{T}_\mathcal{B} = \{\cup\mathcal{B}' \mid \mathcal{B}' \subseteq \mathcal{B}\}.$$

그러면 분명히 $\mathcal{B}$의 모든 원소들은 $\mathcal{T}_\mathcal{B}$에 속한다. 또한 $\varnothing = \cup\varnothing \in \mathcal{T}_\mathcal{B}$이고 $\mathcal{B}$에 속하는 임의의 두 원소의 합집합은 다음과 같다:

$$\{b\} \cup \{a, b\} = \{a, b\}$$

$$\{b\} \cup \{b, c, d\} = \{b, c, d\}$$

$$\{a, b\} \cup \{b, c, d\} = X$$

그리고 $\mathcal{B}$의 세 원소로 이루어진 합집합은

$$\{b\} \cup \{a, b\} \cup \{b, c, d\} = \cup\mathcal{B} = X$$

이다. 따라서

$$\mathcal{T}_\mathcal{B} = \{X, \varnothing, \{b\}, \{a, b\}, \{b, c, d\}\}$$

이고, $\mathcal{T}_\mathcal{B}$는 분명히 X 위의 위상이다. 그러므로 $\mathcal{B}$는 위상 $\mathcal{T}_\mathcal{B}$에 대한 기저이다. □

주목 1.3.9. 임의의 위상공간 $(X, \mathcal{T})$에 대하여 $\mathcal{B}$가 $\mathcal{T}$에 대한 기저일 때, $\mathcal{T}$를 다음과 같이 다시 쓸 수 있다.

$$\mathcal{T} = \{U \subseteq X \mid \forall x \in U, \exists B \in \mathcal{B} \text{ such that } x \in B \subseteq U\}$$

보기 1.3.10. (a) 모든 실수들의 집합 $\mathbb{R}$에 대하여,

$$\mathcal{B} = \{(a, b) \subseteq \mathbb{R} \mid a, b \in \mathbb{R}\}$$

는 집합 $\mathbb{R}$ 위의 어떤 위상 $\mathcal{T}$에 대한 기저이다.

단, $(a, b) = \{x \in \mathbb{R} \mid a < x < b\}$이다. 또한 구간 $(0, \infty)$는 $(\mathbb{R}, \mathcal{T})$의 열린집합이다.

(b) $\mathcal{B} = \{(a, b) \times (c, d) \subseteq \mathbb{R}^2 \mid a, b, c, d \in \mathbb{R}\}$는 집합 $\mathbb{R}^2$ 위의 어떤 위상 $\mathcal{T}$에 대한 기저이다.

풀이 (a) $\mathbb{R} = \bigcup_{n\in\mathbb{N}} (-n, n)$이므로 $\mathbb{R} = \cup\mathcal{B}$이다.

$(a, b), (c, d) \in \mathcal{B}$일 때, $x \in (a, b) \cap (c, d)$라 하자. 그리고 $e = \max\{a, c\}$, $f = \min\{b, d\}$라 놓으면

$$x \in (e, f) \subseteq (a, b) \cap (c, d)$$

이고 $(e, f) \in \mathcal{B}$이다. 그러므로 $\mathcal{B}$는 어떤 위상 $\mathcal{T}$에 대한 기저이다. 그리고 이 위상은

$$\mathcal{T} = \{U \subseteq \mathbb{R} \mid \forall x \in U, \exists a, b \in \mathbb{R} \text{ such that } x \in (a, b) \subseteq U\}$$

와 같이 다시 쓸 수 있다.

$U = (0, \infty)$이라 하자. 그러면 각 $x \in U$에 대하여 $n > x$인 $n \in \mathbb{N}$이 존재한다. 따라서 $x \in (0, n) \subseteq U$이고 $(0, n) \in \mathcal{B}$이므로 $(0, \infty)$는 $(\mathbb{R}, \mathcal{T})$의 열린집합이다.

(b) (a)와 비슷하게 증명할 수 있으므로 독자에게 맡긴다. 여기서

$$\mathcal{T} = \{U \subseteq \mathbb{R}^2 \mid \forall \mathbf{x} \in U, \exists a, b, c, d \in \mathbb{R} \text{ such that } \mathbf{x} \in (a, b) \times (c, d) \subseteq U\}$$

이다. □

보기 1.3.10에서 소개한 $\mathbb{R}$ (또는 $\mathbb{R}^2$) 위의 위상을 $\mathcal{T}_u$로 나타내고, $\mathcal{T}_u$를 $\mathbb{R}$ (또는 $\mathbb{R}^2$) 위의 **유클리드 위상(보통위상, Euclidean topology, usual topology)**이라 하고, $(\mathbb{R}, \mathcal{T}_u)$ (또는 $(\mathbb{R}^2, \mathcal{T}_u)$)를 **유클리드 공간(Euclidean space)**이라 한다. $\mathbb{R}^n$ ($n \geq 3$) 위에서도 비슷하게 유클리드 위상 $\mathcal{T}_u$를 정의한다.

다음 정리는 위상공간의 부분집합이 열린집합인지를 확인하는 데 매우 유용하다.

정리 1.3.11. $\mathcal{B}$가 위상공간 $(X, \mathcal{T})$에 대한 기저라 하자. 그러면 다음은 동치이다:

(a) U는 $(X, \mathcal{T})$의 열린집합 즉, $U \in \mathcal{T}$이다.

(b) 임의의 $x \in U$에 대하여 $x \in B_x \subseteq U$인 $B_x \in \mathcal{B}$가 존재한다.

증명 (a) ⇒ (b) $U \in \mathcal{T}$라 가정하자. $\mathcal{B}$가 $(X, \mathcal{T})$에 대한 기저이므로 $U = \cup\mathcal{B}'$인 $\mathcal{B}' \subseteq \mathcal{B}$이 존재한다. 따라서 각 $x \in U$에 대하여 $x \in B_x \subseteq U$인 $B_x \in \mathcal{B}'$가 존재한다. $B_x \in \mathcal{B}$이므로 (b)가 성립한다.

(b) ⇒ (a) X의 부분집합 U가 (b)를 만족한다고 가정하고, 각 $x \in U$에 대하여 $x \in B_x \subseteq U$인 $B_x \in \mathcal{B}$를 선택하자. 그러면

$$U = \bigcup_{x\in U} B_x$$

이고 각 $x \in U$에 대하여 $B_x \in \mathcal{T}$이다. 즉, U는 열린집합들의 합집합이다. 그러므로 $U \in \mathcal{T}$이다. □

위 정리에서 $U = \varnothing$인 경우, 조건 (b)의 가정 '$x \in \varnothing$'은 항상 거짓이므로 (b)가 참이라는 사실에 유의하자.

보기 1.3.12. 모든 자연수들의 집합 $\mathbb{N}$에 대하여

$$\mathcal{B} = \{\{2n-1, 2n, 2n+1\} \mid n \in \mathbb{N}\} \cup \{\{2n\} \mid n \in \mathbb{N}\}$$

는 어떤 위상 $\mathcal{T}$에 대한 기저이다. 그러면 $\mathbb{N}$의 부분집합 $\{1, 2, \cdots, 7\}$는 열린집합이고 $\{1\}$은 열린집합이 아니다.

풀이 $\mathcal{B}$가 어떤 위상 $\mathcal{T}$에 대한 기저임은 어렵지 않게 증명할 수 있다(연습문제).

$\{1, 2, \cdots, 7\} = \{1, 2, 3\} \cup \{3, 4, 5\} \cup \{5, 6, 7\}$이고 $\{1, 2, 3\}$, $\{3, 4, 5\}$, $\{5, 6, 7\}$는 $\mathcal{B}$의 원소이므로 $\{1, 2, \cdots, 7\} \in \mathcal{T}$이다.

$\{1\}$이 열린집합이라 가정하자. 그러면 정리 1.3.11에 의해

$$1 \in B \subseteq \{1\}$$

인 $B \in \mathcal{B}$가 존재한다. 그런데 $\mathcal{B}$에서 1을 포함하는 집합 B는 $\{1, 2, 3\}$ 뿐이고 $\{1, 2, 3\} \not\subseteq \{1\}$이기 때문에 모순이다. 그러므로 $\{1\}$는 열린집합이 아니다. □

보기 1.3.10과 보기 1.3.12에서 본 것과 같이 어떤 열린집합은 기저 $\mathcal{B}$에 속하지 않기 때문에 (처음 학습하는 학생들에게는) 무엇이 열린집합인지 바로 와닿지 않을 것이다. 이런 어려움을 극복하기 위해서는 많은 보기들을 통해 직관력을 키울 필요가 있다. 이제 기저보다 더 약한 개념인 부분기저에 대해 알아보자.

정의 1.3.13. $(X, \mathcal{T})$가 위상공간이고 $\mathcal{S} \subseteq \mathcal{T}$가 열린집합들의 집합족이라 하자.

$$(**) \qquad \mathcal{B} = \{\cap\mathcal{F} \mid \mathcal{F}\text{는 } \mathcal{S}\text{의 유한 부분집합족}\}$$

가 위상 $\mathcal{T}$에 대한 기저일 때, $\mathcal{S}$를 **$\mathcal{T}$에 대한 부분기저(subbase (or subbasis) for $\mathcal{T}$)**라 말한다.

보기 1.3.14. 모든 자연수들의 집합 $\mathbb{N}$에 대하여

$$\mathcal{S} = \{\{2n-1, 2n, 2n+1\} \mid n \in \mathbb{N}\}$$

은 보기 1.3.12의 위상 $\mathcal{T}$에 대한 부분기저이다.

풀이 $\mathcal{S}$의 임의의 유한 개의 원소들의 교집합들로 이루어진 집합족을 $\mathcal{B}'$라 하자. $\mathcal{F} = \varnothing \subseteq \mathcal{S}$라 하면 $\cap\mathcal{F} = \mathbb{N}$이다. 따라서

$$\mathcal{B}' = \{\mathbb{N}, \varnothing\} \cup \{\{2n-1, 2n, 2n+1\} \mid n \in \mathbb{N}\} \cup \{\{2n\} \mid n \in \mathbb{N}\}$$

이고 이것은 분명히 보기 1.3.12에 있는 위상 $\mathcal{T}$를 생성한다. □

주목 1.3.15. 보기 1.3.14에서 부분기저 $\mathcal{S}$에 의해 생성된 기저 $\mathcal{B}'$에는 $\mathbb{N}$과 $\varnothing$이 원소로 포함되어야 하지만 실제로 위상 $\mathcal{T}$를 생성할 때 중요한 역할을 하지 않는다(왜?). 이러한 이유로 부분기저에 의해 생성된 기저에서 $\mathbb{N}$과 $\varnothing$을 제외하기도 한다.

정리 1.3.16. 집합 X에 대하여 $\mathcal{S} \subseteq \mathcal{P}(X)$이라 하자. $X = \cup\mathcal{S}$이면, $\mathcal{S}$는 어떤 (미지의) 위상 $\mathcal{T}$에 대한 부분기저이다.

증명

$$\mathcal{B} = \{\cap\mathcal{F} \mid \mathcal{F}\text{는 } \mathcal{S}\text{의 유한 부분집합족}\}$$

이고

$$\mathcal{T} = \{\cup\mathcal{B}' \mid \mathcal{B}' \subseteq \mathcal{B}\}$$

이라 하자. $\mathcal{T}$가 X 위의 위상임을 보여야 한다.

$\mathcal{B}' = \varnothing$이라 두면 $\varnothing = \cup\mathcal{B}'$이고 $\mathcal{B}' \subseteq \mathcal{B}$이므로 $\varnothing \in \mathcal{T}$이다. 그리고 $\mathcal{S} \subseteq \mathcal{B}$와 가정 $X = \cup\mathcal{S}$에 의해, $X \in \mathcal{T}$이다.

$\mathcal{U} \subseteq \mathcal{T}$라 하자. 그러면 각 $U \in \mathcal{U}$에 대하여 $U = \cup\mathcal{B}_U$인 $\mathcal{B}_U \subseteq \mathcal{B}$가 존재한다. 따라서

$$\cup\mathcal{U} = \bigcup_{U\in\mathcal{U}} U = \bigcup_{U\in\mathcal{U}} (\cup\mathcal{B}_U) = \cup\{B \in \mathcal{B}_U \mid U \in \mathcal{U}\}$$

이다. $\mathcal{B}' = \{B \in \mathcal{B}_U \mid U \in \mathcal{U}\}$으로 놓으면 $\mathcal{T}$의 정의에 의해 $\cup\mathcal{U} \in \mathcal{T}$이다.

이제 $U, V \in \mathcal{T}$이고 $x \in U \cap V$이라 하자. 그러면 $x \in B_1 \cap B_2$, $B_1 \subseteq U$, $B_2 \subseteq V$인 $B_1, B_2 \in \mathcal{B}$가 존재한다. B_1과 B_2는 $\mathcal{S}$의 어떤 유한 부분집합족 $\mathcal{F}_1$, $\mathcal{F}_2$에 대하여

$$B_1 = \cap\mathcal{F}_1 \qquad B_2 = \cap\mathcal{F}_2$$

이므로

$$B_1 \cap B_2 = (\cap \mathcal{F}_1) \cap (\cap \mathcal{F}_2) = \cap\{S \mid S \in \mathcal{F}_1 \cup \mathcal{F}_2\}$$

이다. $\mathcal{F} = \mathcal{F}_1 \cup \mathcal{F}_2$라 두면 $\mathcal{F}$는 $\mathcal{S}$의 유한 부분집합족이므로 $B_1 \cap B_2 \in \mathcal{B}$이다. $B_x = B_1 \cap B_2$라 놓자. 그러면 $x \in B_x \subseteq U \cap V$이므로

$$U \cap V = \bigcup_{x \in U \cap V} B_x, \qquad B_x \in \mathcal{B}$$

이다. 따라서 $U \cap V \in \mathcal{T}$이다.

그러므로 $\mathcal{T}$는 X 위의 위상이다. □

정의 1.3.17. 임의의 집합 X에 대하여 $\mathcal{S} \subseteq \mathcal{P}(X)$가 어떤 위상 $\mathcal{T}$에 대한 부분기저일 때, $\mathcal{T}$를 $\mathcal{S}$**에 의해 생성된 위상(topology generated by** $\mathcal{S}$)이라 하고 $\mathcal{T}$를 $\mathcal{T}_{\mathcal{S}}$로 나타낸다. 또한 $\mathcal{S}$로부터 얻어진 기저 $\mathcal{B}$를 $\mathcal{S}$**에 의해 생성된 기저(base generated by** $\mathcal{S}$)라 하고 $\mathcal{B}$를 $\mathcal{B}_{\mathcal{S}}$로 나타낸다.

보기 1.3.18. $X = \{a, b, c, d\}$에 대하여

$$\mathcal{S} = \{\{a\}, \{a, b\}, \{b, c\}, \{b, c, d\}\}$$

라 하자. 그러면 $\mathcal{S}$는 어떤 위상에 대한 부분기저이다. 그 위상을 구하시오.

풀이 $X = \cup\mathcal{S}$이므로 정리 1.3.16에 의해 $\mathcal{S}$는 어떤 위상에 대한 부분기저이다.

$\mathcal{S}$에 의해 생성된 기저 $\mathcal{B}_{\mathcal{S}}$는

$$\mathcal{B}_{\mathcal{S}} = \{X, \varnothing, \{a\}, \{b\}, \{a, b\}, \{b, c\}, \{b, c, d\}\}$$

이고, $\mathcal{S}$에 의해 생성된 위상 $\mathcal{T}_{\mathcal{S}}(= \mathcal{T}_{\mathcal{B}_{\mathcal{S}}})$는

$$\mathcal{T}_{\mathcal{S}} = \{X, \varnothing, \{a\}, \{b\}, \{a, b\}, \{b, c\}, \{a, b, c\}, \{b, c, d\}\}$$

이다. □

연습문제 1.3

1. $(X, \mathcal{T})$가 위상공간이고 $\mathcal{B} \subseteq \mathcal{T}$라 하자. 다음이 동치임을 증명하시오.

   (a) 임의의 $U \in \mathcal{T}$에 대하여, $U = \cup\mathcal{B}'$인 $\mathcal{B}' \subseteq \mathcal{B}$이 존재한다.

   (b) 임의의 $U \in \mathcal{T}$와 임의의 $x \in U$에 대하여, $x \in B_x \subseteq U$인 $B_x \in \mathcal{B}$가 존재한다.

2. $\mathcal{B} = \{(a, b) \mid a, b \in \mathbb{Q}\}$라 하자. $\mathcal{B}$가 $\mathbb{R}$ 위의 유클리드 위상 $\mathcal{T}_u$에 대한 기저임을 증명하시오. [이것은 한 위상 $\mathcal{T}$에 대한 기저가 여러 개 (심지어 무한 개) 존재할 수 있음을 의미한다.]

3. 보기 1.3.10 (b)의 $\mathcal{B}$가 $\mathbb{R}^2$ 위의 어떤 위상에 대한 기저임을 증명하시오.

4. 보기 1.3.12의 $\mathcal{B}$가 $\mathbb{N}$ 위의 어떤 위상에 대한 기저임을 증명하시오.

5. $\mathcal{B} = \{[a, b) \mid a, b \in \mathbb{R}\}$라 하자. $\mathcal{B}$가 $\mathbb{R}$ 위의 어떤 위상에 대한 기저임을 증명하시오. [이 위상을 **하극한위상(lower limit topology)**라 말하고 $\mathcal{T}_l$로 나타낸다. 그리고 $(\mathbb{R}, \mathcal{T}_l)$을 **하극한 위상공간(lower limit topological space)** 또는 **Sorgenfrey 직선(Sorgenfrely line)**이라 말한다.]

6. $\mathbb{R}$의 부분집합인 구간 $[0, 1)$에 대하여 다음 물음에 답하시오. [이것은 $\mathbb{R}$ 위의 하극한위상과 유클리드위상이 같지 않음을 의미한다.]

   (a) $[0, 1)$는 하극한 위상공간 $(\mathbb{R}, \mathcal{T}_l)$의 열린닫힌집합이다.

   (b) $[0, 1)$는 유클리드 공간 $(\mathbb{R}, \mathcal{T}_u)$의 열린집합도 아니고 닫힌집합도 아니다.

7. $\mathbb{R}$의 구간들의 모임

$$\mathcal{S} = \{(a, \infty) \mid a \in \mathbb{R}\} \cup \{(-\infty, b) \mid b \in \mathbb{R}\}$$

가 유클리드위상 $\mathcal{T}_u$의 부분기저임을 증명하시오. 그리고 $\mathcal{S}$에 의해 생성된 기저 $\mathcal{B}_\mathcal{S}$와 보기 1.3.10의 $\mathcal{B}$를 비교하시오.

8. $\mathbb{R}$의 구간들의 모임

$$\mathcal{S} = \{[a, \infty) \mid a \in \mathbb{R}\} \cup \{(-\infty, b) \mid b \in \mathbb{R}\}$$

가 하극한위상 $\mathcal{T}_l$의 부분기저임을 증명하시오. 그리고 $\mathcal{S}$에 의해 생성된 기저 $\mathcal{B}_\mathcal{S}$와 연습문제 1.3.5의 $\mathcal{B}$를 비교하시오.

9. 기저 $\mathcal{B}_1, \mathcal{B}_2 \subseteq \mathcal{P}(X)$가 생성하는 집합 X 위의 위상을 각각 $\mathcal{T}_{\mathcal{B}_1}$, $\mathcal{T}_{\mathcal{B}_2}$라 하자. $\mathcal{T}_{\mathcal{B}_1} = \mathcal{T}_{\mathcal{B}_2}$일 필요충분조건은

   (a) 임의의 $B_1 \in \mathcal{B}_1$과 임의의 $x \in B_1$에 대하여 $x \in B_2 \subseteq B_1$인 $B_2 \in \mathcal{B}_2$가 존재한다;

   (b) 임의의 $B_2 \in \mathcal{B}_2$와 임의의 $x \in B_2$에 대하여 $x \in B_1 \subseteq B_2$인 $B_1 \in \mathcal{B}_1$가 존재한다;

   임을 증명하시오.

1.4 폐포와 내부

우리는 앞에서 위상공간 $(X, \mathcal{T})$의 열린집합이란 X의 부분집합으로서 $\mathcal{T}$에 속하는 것이고, 닫힌집합이란 X의 부분집합으로서 그 여집합이 $\mathcal{T}$에 속하는 것이라고 공부하였다. 이 절에서는 집합의 폐포, 내부, 극한점 등에 대하여 살펴보고, 그것들의 관계를 알아보고자 한다.

정의 1.4.1. A가 위상공간 $(X, \mathcal{T})$의 부분집합이라 하자.

(a) A의 **폐포(closure)**란 A를 포함하는 가장 작은 닫힌집합을 말하고 $\overline{A}$로 나타낸다.

(b) A의 **내부(interior)**란 A에 포함되는 가장 큰 열린집합을 말하고 A°로 나타낸다.

주목 1.4.2. (a) A의 폐포는 $cl(A)$로 나타내기도 하고, A의 내부는 $int(A)$로 나타내기도 한다.

(b) 위상공간 $(X, \mathcal{T})$에서의 폐포임을 강조할 때는 다음 기호를 사용하기도 한다:

$$\overline{A}^X, \quad \overline{A}^{\mathcal{T}}, \quad cl_X(A), \quad cl_{\mathcal{T}}(A).$$

(c) 위상공간 $(X, \mathcal{T})$에서의 내부임을 강조할 때는 다음 기호를 사용하기도 한다:

$$int_X(A), \quad int_{\mathcal{T}}(A).$$

정리 1.4.3. A가 위상공간 $(X, \mathcal{T})$의 부분집합이라 하자. 그러면 다음이 성립한다.

(a) $\overline{A} = \cap\{C \subseteq X \mid C$는 A를 포함하는 닫힌집합$\}$.

(b) $A^\circ = \cup\{U \subseteq X \mid U$는 A에 포함되는 열린집합$\}$.

증명 (a) $\mathcal{C} = \{C \subseteq X \mid C$는 A를 포함하는 닫힌집합$\}$이라 하자.

($\subseteq$) 임의의 개수의 닫힌집합의 교집합은 닫힌집합이므로 $\cap\mathcal{C}$는 닫힌집합이고 $A \subseteq \cap\mathcal{C}$이다. 그러면 폐포의 정의에 의해 $\overline{A} \subseteq \cap\mathcal{C}$이다.

($\supseteq$) $\overline{A}$는 A를 포함하는 닫힌집합이므로 $\overline{A} \in \mathcal{C}$이다. 그러므로 $\cap\mathcal{C} \subseteq \overline{A}$이다.

(b) $\mathcal{U} = \{U \subseteq X \mid U$는 A에 포함되는 열린집합$\}$이라 하자.

(⊇) 임의의 개수의 열린집합의 합집합은 열린집합이므로 $\cup\mathcal{U}$는 열린집합이고 $\cup\mathcal{U} \subseteq A$이다. 그러면 내부의 정의에 의해 $\cup\mathcal{U} \subseteq A^\circ$이다.

(⊆) A°는 A에 포함되는 열린집합이므로 $A^\circ \in \mathcal{U}$이다. 그러므로 $A^\circ \subseteq \cup\mathcal{U}$이다. □

보기 1.4.4. $X = \{a, b, c, d\}$ 위에 위상

$$\mathcal{T} = \{X, \varnothing, \{a\}, \{b\}, \{a, b\}, \{b, c\}, \{a, b, c\}, \{b, c, d\}\}$$

가 주어져 있다고 하자. $A = \{b, d\}$와 $B = \{a, b\}$의 폐포와 내부를 각각 구하시오.

풀이 위상공간 $(X, \mathcal{T})$의 모든 닫힌집합들을 열거하면 다음과 같다:

$$\varnothing, X, \{b, c, d\}, \{a, c, d\}, \{c, d\}, \{a, d\}, \{d\}, \{a\}.$$

(a-1) 집합 A를 포함하는 닫힌집합은 X, $\{b, c, d\}$ 뿐이므로 $\overline{A} = \{b, c, d\}$이다.

(a-2) 집합 A에 포함되는 열린집합은 $\varnothing$, $\{b\}$ 뿐이므로 $A^\circ = \{b\}$이다.

(b-1) 집합 B를 포함하는 닫힌집합은 X 뿐이므로 $\overline{B} = X$이다.

(b-2) 집합 B에 포함되는 열린집합은 $\varnothing$, $\{a\}$, $\{b\}$, $\{a, b\}$ 뿐이므로 $B^\circ = \{a, b\} = B$이다. □

정리 1.4.5. A가 위상공간 $(X, \mathcal{T})$의 부분집합이라 하자. 그러면 다음이 성립한다.

(a) A가 닫힌집합일 필요충분조건은 $\overline{A} = A$.

(b) A가 열린집합일 필요충분조건은 $A^\circ = A$.

증명 (a) A가 닫힌집합이라 하자. A는 A를 포함하는 닫힌집합이고 $\overline{A}$는 A를 포함하는 모든 닫힌집합들의 교집합이므로 $\overline{A} = A$이다. 역으로 $\overline{A} = A$라 가정하자. 폐포의 정의에 의해 $\overline{A}$는 닫힌집합이므로 A는 닫힌집합이다.

(b) A가 열린집합이라 하자. A는 A에 포함되는 열린집합이고 A°는 A에 포함되는 모든 열린집합들의 합집합이므로 $A^\circ = A$이다. 역으로 $A^\circ = A$라 가정하자. 내부의 정의에 의해 A°는 열린집합이므로 A는 열린집합이다. □

위상공간 $(X, \mathcal{T})$에 대하여 $p \in U \subseteq X$라 하자. $p \in V \subseteq U$인 열린집합 V가 존재할 때, U를 p의 **근방(neighborhood)**이라 한다. 특히 U가 열린집합일 때, U를 p의 **열린 근방(open neighborhood)**이라 한다.

정의 1.4.6. A가 위상공간 $(X, \mathcal{T})$의 부분집합이고 $p \in X$라 하자.

(a) $p \in \overline{A}$일 때, p를 A의 **폐포점(closure point)**이라 한다.

(b) $p \in A^\circ$일 때, p를 A의 **내부점(interior point)**이라 한다.

(c) p의 임의의 열린 근방 U에 대하여 $U \cap A - \{p\} \neq \varnothing$일 때, p를 A의 **극한점(limit point)** 또는 **집적점(cluster point)**이라 한다.

(d) A의 모든 극한점들의 집합을 A의 **도집합(derived set)**이라 하고 A' 또는 A^d로 나타낸다.

정의 1.4.6의 (c)에서 p를 **응집점(accumulation point)**이라고도 한다. 또한

$$U \cap A - \{p\} = U \cap (A - \{p\}) = (U - \{p\}) \cap A$$

임에 유의하자.

정리 1.4.7. A가 위상공간 $(X, \mathcal{T})$의 부분집합이고 $p \in X$라 하자. 그러면 다음이 성립한다.

(a) $p \in \overline{A}$일 필요충분조건은

$$p\text{의 임의의 열린 근방 } U\text{에 대하여 } U \cap A \neq \varnothing.$$

(b) $p \in A^\circ$일 필요충분조건은

$$p \in U \subseteq A\text{인 열린집합 } U\text{가 존재한다.}$$

증명 (a) ($\Leftarrow$) (대우법) $p \notin \overline{A}$라 가정하자. 그러면 $A \subseteq C$이고 $p \notin C$인 닫힌집합 C가 존재한다. 그러면 $X - C$는 p의 열린 근방이고 $(X - C) \cap A = \varnothing$이다.

($\Rightarrow$) (대우법) $U \cap A = \varnothing$인 p의 열린 근방 U가 존재한다고 하자. 그러면 $X - U$는 닫힌집합이고 $A \subseteq X - U$이다. 따라서 $\overline{A} \subseteq X - U$이다. $p \notin X - U$ 이므로, $p \notin \overline{A}$이다.

(b) ($\Rightarrow$) $p \in A^\circ$라 하자. 내부의 정의에 의해 A°는 열린집합이고 $A^\circ \subseteq A$이다. 따라서 필요조건을 만족한다.

(⇐) $p \in U \subseteq A$인 열린집합 U가 존재한다고 가정하자. A°는 A에 포함되는 가장 큰 열린집합이고 $U \subseteq A$이므로 $U \subseteq A^\circ$이다. 따라서 $p \in A^\circ$이다. □

다음 따름정리는 정리 1.4.7과 집적점의 정의로부터 바로 얻어진다.

따름정리 1.4.8. A가 위상공간 $(X, \mathcal{T})$의 부분집합이고 $p \in X$라 하자. 그러면 $A^d \subseteq \overline{A}$이다.

보기 1.4.9. $X = \{a, b, c, d\}$ 위에 위상

$$\mathcal{T} = \{X, \varnothing, \{a\}, \{b\}, \{a, b\}, \{b, c\}, \{a, b, c\}, \{b, c, d\}\}$$

가 주어져 있다고 하자. $A = \{b, d\}$의 도집합 A^d를 구하시오.

풀이 $\{a\}$는 점 a의 열린 근방이고 $\{a\} \cap A - \{a\} = \varnothing - \{a\} = \varnothing$ 이므로 $a \notin A^d$이다.

$\{b\}$는 점 b의 열린 근방이고 $\{b\} \cap A - \{b\} = \{b\} - \{b\} = \varnothing$ 이므로 $b \notin A^d$이다.

c의 열린 근방은 X, $\{b, c\}$, $\{a, b, c\}$, $\{b, c, d\}$ 뿐이고 각 경우에 대하여

$$\begin{aligned} X \cap A - \{c\} &= A - \{c\} \neq \varnothing \\ \{b, c\} \cap A - \{c\} &= \{b\} - \{c\} \neq \varnothing \\ \{a, b, c\} \cap A - \{c\} &= \{b\} - \{c\} \neq \varnothing \\ \{b, c, d\} \cap A - \{c\} &= A - \{c\} \neq \varnothing \end{aligned}$$

이다. 따라서 $c \in A^d$이다. 비슷하게 $d \in A^d$임을 보일 수 있다.
그러므로 $A^d = \{c, d\}$이다. □

보기 1.4.4에서 $\overline{A} = \{b, c, d\}$임을 보였다. 보기 1.4.9의 결과와 비교해 보면 $\overline{A} = A \cup A^d$임을 유추해 볼 수 있다. 이것은 실제로 항상 참이다.

정리 1.4.10. A가 위상공간 $(X,\mathcal{T})$의 부분집합이라 하자. 그러면 다음이 성립한다.

$$\overline{A} = A \cup A^d$$

증명 ($\subseteq$) $p \in \overline{A}$라 하자. 만약 $p \in A$이면 명백하다. $p \in \overline{A} - A$라 하고 U가 p의 임의의 열린 근방이라 하자. 그러면 $U \cap A \neq \varnothing$이다. $p \notin U \cap A$이므로 $U \cap A - \{p\} \neq \varnothing$이다. 그러므로 $\overline{A} \subseteq A \cup A^d$이다.

($\supseteq$) 폐포의 정의에 의해 $A \subseteq \overline{A}$이므로 $A^d \subseteq \overline{A}$만 증명하면 된다. $p \in A^d - A$라 하고 U가 p의 임의의 열린 근방이라 하자. 그러면 $U \cap A - \{p\} \neq \varnothing$이다. $p \notin U \cap A$이므로 $U \cap A = U \cap A - \{p\} \neq \varnothing$이다. 따라서 $A^d \subseteq \overline{A}$이다. 그러므로 $A \cup A^d \subseteq \overline{A}$이다. □

정의 1.4.11. A가 위상공간 $(X,\mathcal{T})$의 부분집합이라 하자. $\overline{A} = X$일 때, A는 **X에서 조밀하다(dense in X)** 또는 X의 **조밀한 부분집합(dense subset)**이라 한다. 또한 부분집합 A가 X의 조밀한 가산 부분집합일 때, $(X,\mathcal{T})$를 **가분공간(separable space)**이라 한다.

보기 1.4.4에서 $\overline{B} = X$이므로 B는 X에서 조밀하다. 다음 보기는 유클리드공간 $(\mathbb{R},\mathcal{T}_u)$가 가분공간임을 말해준다.

보기 1.4.12. $\mathbb{Q}$가 $(\mathbb{R},\mathcal{T}_u)$의 모든 유리수들로 이루어진 부분집합이라 하자. 그러면 $\overline{\mathbb{Q}} = \mathbb{R}$이다.

풀이 분명히 $\overline{\mathbb{Q}} \subseteq \mathbb{R}$이다. $p \in \mathbb{R}$이고 U가 p의 임의의 열린 근방이라 하자. 그러면 $p \in (a,b) \subseteq U$인 $a,b \in \mathbb{R}$가 존재한다. (a,b)는 무수히 많은 유리수들을 포함하므로 $(a,b) \cap \mathbb{Q} \neq \varnothing$이다. 그래서 $U \cap \mathbb{Q} \neq \varnothing$이므로 $p \in \overline{\mathbb{Q}}$ 즉, $\mathbb{R} \subseteq \overline{\mathbb{Q}}$이다. 그러므로 $\overline{\mathbb{Q}} = \mathbb{R}$이다. □

주목 1.4.13. 보기 1.4.12에 의해 유클리드공간 $(\mathbb{R},\mathcal{T}_u)$은 가분공간이다.

정리 1.4.14. A가 위상공간 $(X, \mathcal{T})$의 부분집합이라 하자. 그러면 다음은 동치이다:

(a) $\overline{A} = X$.

(b) 임의의 점 $p \in X$의 임의의 열린 근방 U에 대하여, $U \cap A \neq \varnothing$.

(c) 공집합이 아닌 임의의 열린집합 U에 대하여, $U \cap A \neq \varnothing$.

증명 (a) ⇒ (b) (대우법) $U \cap A = \varnothing$인 X의 어떤 점 p의 열린 근방 U가 존재한다고 하자. 그러면 $A \subseteq X - U$이고 $X - U$는 닫힌집합이므로, $\overline{A} \subseteq X - U$이다. 또한 $p \notin X - U$이므로, $p \notin \overline{A}$이다. 따라서 $\overline{A} \neq X$이다. 그러므로 $(a) \Rightarrow (b)$이다.

(b) ⇒ (c) 공집합이 아닌 열린집합 U에서 임의의 한 점 p를 선택한 후 가정 (b)를 이용하면 결론 (c)는 바로 얻어진다.

(c) ⇒ (a) (대우법) $X \neq \overline{A}$라 하자. 그러면 $U = X - \overline{A}$는 공집합이 아닌 열린집합이다. 그리고 $A \subseteq \overline{A}$이므로 $U \cap A = \varnothing$이다. 그러므로 $(c) \Rightarrow (a)$이다. □

주목 1.4.15. 정리 1.4.14는 주어진 위상공간의 조밀성을 판단하는 데 매우 유용한 정리이다. 또한 $(a) \Leftrightarrow (b)$와 $(a) \Leftrightarrow (c)$를 각각 증명하는 것도 가능하다.

정의 1.4.16. A가 위상공간 $(X, \mathcal{T})$의 부분집합이라 하자. $int(\overline{A}) = \varnothing$일 때, A는 X에서 **조밀한 곳이 없다(nowhere dense in X)**고 한다.

정의 1.4.16에 의해, 위상공간 $(X, \mathcal{T})$의 모든 조밀한 부분집합 A는 조밀한 곳이 없지 않다(조밀한 곳이 있다, not nowhere dense). 왜냐하면 $int(\overline{A}) = int(X) = X \neq \varnothing$이기 때문이다. 그러나 '조밀하다'와 '조밀한 곳이 없다'의 개념은 서로 부정의 의미를 갖고 있는 것이 아니라는 것에 유의해야 한다. 특히, 일반적으로 조밀한 곳이 없으면 조밀하지 않다(연습문제). 그러나 조밀하지 않은 집합은 조밀한 곳이 없지 않을 수 있다. 다시 말하면 조밀한 곳이 있으면서 조밀하지 않은 집합이 존재한다. 두 개념의 차이를 구체적으로 보여주는 다음 보기를 살펴보자.

보기 1.4.17. 유클리드공간 $(\mathbb{R}, \mathcal{T})$의 두 부분집합

$$A = [0,1], \qquad B = \{0\} \cup \left\{ \frac{1}{n} \mid n \in \mathbb{N} \right\}$$

를 생각하자. 그러면

(a) A는 $\mathbb{R}$에서 조밀하지 않고 조밀한 곳이 없지 않다(조밀한 곳이 있다).

(b) B는 $\mathbb{R}$에서 조밀하지 않고 조밀한 곳이 없다.

풀이 (a) A는 닫힌집합이므로 $\overline{A} = A \neq \mathbb{R}$이고 $int(\overline{A}) = int(A) = (0,1) \neq \varnothing$이기 때문에 A는 $\mathbb{R}$에서 조밀하지 않고(not dense in $\mathbb{R}$) 조밀한 곳이 없지 않다(not nowhere dense in $\mathbb{R}$).

(b) B는 닫힌집합이므로 $\overline{B} = B \neq \mathbb{R}$이다(연습문제). 따라서 B는 조밀하지 않다. 그리고 $int(B) = \varnothing$이므로(연습문제) $int(\overline{B}) = \varnothing$이다. 따라서 B는 $\mathbb{R}$에서 조밀한 곳이 없다(nowhere dense in $\mathbb{R}$). □

정의 1.4.18. A가 위상공간 $(X, \mathcal{T})$의 부분집합이라 하자.

(a) 집합 A의 **경계(boundary)** $bdy(A)$는 다음과 같이 정의된다:

$$bdy(A) = \overline{A} \cap \overline{X - A}.$$

(b) A의 **외부(exterior)** $ext(A)$는 다음과 같이 정의된다:

$$ext(A) = X - \overline{A}.$$

정리 1.4.19. A가 위상공간 $(X, \mathcal{T})$의 부분집합이라 하자. 그러면 X는 다음과 같이 쌍마다 서로소인 세 집합의 합집합으로 표현될 수 있다:

$$X = int(A) \cup ext(A) \cup bdy(A).$$

증명 $ext(A) = X - \overline{A}$이므로, $\overline{A} = int(A) \cup bdy(A)$임을 보이면 충분하다.

($\supseteq$) 내부와 경계의 정의에 의해 $int(A) \cup bdy(A) \subseteq \overline{A} \cup \overline{A} = \overline{A}$이다.

($\subseteq$) 이제 $p \in \overline{A} - bdy(A)$라 하자. 그러면 $p \notin \overline{X - A}$에 의해, $U \cap (X - A) = \varnothing$을 만족하는

p의 열린 근방 U가 존재한다. $U \subseteq A$이므로, $p \in int(A)$이다. 그러므로, $\overline{A} \subseteq int(A) \cup bdy(A)$이다.

이제 세 집합이 쌍마다 서로소임을 증명하자. $int(A) \subseteq A$이므로, $int(A) \cap (X - A) = \varnothing$이다. 따라서 연습문제 1.4.8에 의해, $int(A) \cap \overline{X - A} = \varnothing$이다. 그리고 $int(A) \subseteq \overline{A}$이므로, $int(A) \cap ext(A) = int(A) \cap (X - \overline{A}) = \varnothing$이다. 마지막으로 정의에 의해, 분명히 $ext(A) \cap bdy(A) = \varnothing$이다. □

주목 1.4.20. 정리 1.4.19의 증명에서 $\overline{A} = int(A) \cup bdy(A)$이고, $int(A) \cap bdy(A) = \varnothing$임을 알았다. 따라서 A의 경계를

$$bdy(A) = \overline{A} - int(A)$$

로 다시 쓸 수 있다. 이것은 A의 폐포와 내부만 알면, 집합 A의 경계를 구할 수 있다는 것을 의미한다.

보기 1.4.21. 보기 1.4.17에서 보았던 유클리드 공간 $(\mathbb{R}, \mathcal{T}_u)$의 부분집합 $A = [0, 1]$에 대하여, 폐포, 내부, 외부, 경계를 각각 구하시오.

풀이 A는 닫힌집합이므로 $\overline{A} = [0, 1]$이다. $int(A) = (0, 1)$임을 보이기 위해, $0 \in int(A)$라 가정하자. 그러면 $0 \in (a, b) \subseteq A$를 만족하는 $a, b \in \mathbb{R}$가 존재한다. 그러나 $a < x < 0$인 x에 대하여 $x \notin A$이기 때문에, 모순이 되어 $0 \notin int(A)$이다. 비슷하게 $1 \notin int(A)$도 알 수 있다. 그리고 $(0, 1) \in \mathcal{T}_u$이므로, $(0, 1) \subseteq int(A)$이다. 따라서 $int(A) = (0, 1)$이다.

그러므로 $ext(A) = \mathbb{R} - \overline{A} = (-\infty, 0) \cup (1, \infty)$이고 $bdy(A) = \overline{A} - int(A) = \{0, 1\}$이다. □

마지막으로 완전집합과 관련된 정의, 정리, 보기를 소개함으로써 이 절을 마무리하겠다.

정의 1.4.22. A가 위상공간 $(X, \mathcal{T})$의 부분집합이라 하자.

(a) 각 점 $p \in A$에 대하여 $U \cap A = \{p\}$인 열린집합 U가 존재할 때, A는 **상대적으로 이산(relatively discrete)**이라 한다.

(b) $A = A^d$일 때, A를 **완전집합(perfect set)**이라 한다.

정의 1.4.23. A가 위상공간 $(X, \mathcal{T})$의 부분집합이라 하자. 한 점 $p \in A$에 대하여 p가 아닌 A의 점들을 포함하지 않는 p의 열린 근방이 존재할 때 즉, $U \cap (A - \{p\}) = \varnothing$인 p의 열린 근방 U가 존재할 때, p를 A의 **고립점(isolated point)**이라 한다. 특히, p가 X의 고립점일 필요충분조건은 $\{p\} \in \mathcal{T}$이다.

A가 위상공간 $(X, \mathcal{T})$의 상대적으로 이산인 부분집합이면 각 점 $p \in A$에 대하여 $U \cap A = \{p\}$인 p의 열린 근방 U가 존재하므로 $U \cap A - \{p\} = \varnothing$이다. 따라서 $A \cap A^d = \varnothing$이다. 따라서 A는 완전집합이 아니다. 다음은 완전집합의 특성화 정리(characterization theorem)이다.

정리 1.4.24. 위상공간 $(X, \mathcal{T})$의 부분집합 A가 완전집합일 필요충분조건은 A가 고립점을 갖지 않는 닫힌집합이다.

증명 ($\Rightarrow$) A가 완전집합이라 가정하자. 그러면 $\overline{A} = A \cup A^d = A \cup A = A$이므로 A는 닫힌집합이다. 만약 $p \in A$가 A의 고립점이라 가정하면 $U \cap A - \{p\} = \varnothing$인 p의 열린 근방 U가 존재하므로 $p \notin A^d = A$이다. 이것은 $p \in A$이라는 가정에 모순이므로 p는 A의 고립점이 아니다. 그러므로 A는 고립점을 갖지 않는다.

($\Leftarrow$) A가 고립점을 갖지 않는 닫힌집합이라 하자. 그러면 A의 모든 점들은 극한점이므로 $A \subseteq A^d$ 즉, $\overline{A} = A \cup A^d = A^d$이다. 그리고 A가 닫힌집합이므로 $A = \overline{A} = A^d$이다. 그러므로 A는 완전집합이다. □

보기 1.4.25. 유클리드공간 $(\mathbb{R}, \mathcal{T}_u)$의 부분집합 $A = [0, 1]$는 고립점을 갖지 않는 닫힌집합이므로 A는 완전집합이다. 그리고 $B = \{0\} \cup \{\frac{1}{n} \mid n \in \mathbb{N}\}$에서 각 $\frac{1}{n}$은 B의 고립점이고 $B^d = \{0\}$(연습문제)이다. 그러므로 B는 완전집합도 아니고 상대적으로 이산인 집합도 아니다.

연습문제 1.4

1. A가 위상공간 $(X, \mathcal{T})$의 부분집합이고 $p \in X$라 하자. 다음을 증명하시오.

   (a) $p \in A^d$일 필요충분조건은

   p의 임의의 근방 U에 대하여 $U \cap A - \{p\} \neq \varnothing$.

   (b) $p \in \overline{A}$일 필요충분조건은

   p의 임의의 근방 U에 대하여 $U \cap A \neq \varnothing$.

2. A가 위상공간 $(X, \mathcal{T})$의 부분집합이고 $p \in X$라 하자. 그리고 $\mathcal{B}$가 $\mathcal{T}$에 대한 기저라 하자. 다음을 증명하시오.

   (a) $p \in A^d$일 필요충분조건은

   $p \in B$인 임의의 $B \in \mathcal{B}$에 대하여 $B \cap A - \{p\} \neq \varnothing$.

   (b) $p \in \overline{A}$일 필요충분조건은

   $p \in B$인 임의의 $B \in \mathcal{B}$에 대하여 $B \cap A \neq \varnothing$.

   (c) $p \in int(A)$일 필요충분조건은

   $p \in B \subseteq A$인 $B \in \mathcal{B}$가 존재한다.

3. 유클리드공간 $(\mathcal{R}, \mathcal{T}_u)$의 다음 부분집합에 대하여, 폐포, 내부, 도집합, 외부, 경계를 각각 구하시오.

   (a) $A = [0, 1)$

   (b) $B = \{\frac{1}{n} \mid n \in \mathbb{N}\}$

   (c) $C = \{0\} \cup \{\frac{1}{n} \mid n \in \mathbb{N}\}$

4. 하극한 위상공간 $(\mathcal{R}, \mathcal{T}_l)$의 다음 부분집합에 대하여, 폐포, 내부, 도집합, 외부, 경계를 구하시오.

   (a) $A = [0, 1)$

   (b) $B = \{\frac{1}{n} \mid n \in \mathbb{N}\}$

(c) $C = \{0\} \cup \left\{ \frac{1}{n} \mid n \in \mathbb{N} \right\}$

5. A, B가 위상공간 $(X, \mathcal{T})$의 부분집합이고 $A \subseteq B$라 하자. 다음이 성립함을 증명하시오.

   (a) $A^d \subseteq B^d$.

   (b) $\overline{A} \subseteq \overline{B}$.

   (c) $A^\circ \subseteq B^\circ$.

6. A, B가 위상공간 $(X, \mathcal{T})$의 부분집합이라 하자. 다음이 성립함을 증명하시오.

   (a) $\overline{\overline{A}} = \overline{A}$, $(A^\circ)^\circ = A^\circ$.

   (b) $\overline{A \cup B} = \overline{A} \cup \overline{B}$.

   (c) $\overline{A \cap B} \subseteq \overline{A} \cap \overline{B}$.

   (d) $A^\circ \cup B^\circ \subseteq (A \cup B)^\circ$.

   (e) $A^\circ \cap B^\circ = (A \cap B)^\circ$.

7. 연습문제 1.4.6의 (c)와 (d)에서 등식이 성립하지 않는 반례를 유클리드공간 $(\mathbb{R}, \mathcal{T}_u)$에서 찾고, 그 이유를 설명하시오.

8. 위상공간 $(X, \mathcal{T})$에 대하여, $\varnothing \neq A \subseteq X$, U는 공집합이 아닌 열린집합이라 하자. 만약 $U \cap A = \varnothing$이면, $U \cap \overline{A} = \varnothing$임을 증명하시오.

9. A, B가 위상공간 $(X, \mathcal{T})$의 부분집합이라 하자. $B \subseteq A \subseteq X$이고 B가 X에서 조밀하면, A도 X에서 조밀함을 증명하시오.

10. A가 위상공간 $(X, \mathcal{T})$에서 조밀한 곳이 없다고 하자. A가 $(X, \mathcal{T})$에서 조밀하지 않다는 것을 증명하시오.

1.5 부분공간

$(X, \mathcal{T})$가 위상공간이고 $A \subseteq X$라 하자. 앞에서 공부한 바와 같이 일반적으로 집합 A 위에 다양한 위상을 생각할 수 있다. 그러한 A 위의 위상들 중에 우리가 주로 관심을 갖는 것은 X 위의 위상 $\mathcal{T}$에 의해 얻어지는 위상으로서 이것을 부분위상이라 한다. 이 절에서는 이 부분위상을 갖는 부분공간에 대하여 알아보겠다.

정의 1.5.1. 위상공간 $(X, \mathcal{T})$의 부분집합 A에 대하여

$$\mathcal{T}_A = \{U \cap A \mid U \in \mathcal{T}\}$$

이라 하자. 그러면 $\mathcal{T}_A$는 A 위의 위상이다. 이때, $\mathcal{T}_A$를 $\mathcal{T}$에 의해 결정된 A 위의 **부분위상(상대위상, subspace (or relative) topology on A determined by $\mathcal{T}$)**이라 하고 $(A, \mathcal{T}_A)$를 $(X, \mathcal{T})$의 **부분공간(subspace)**라 한다.
그리고 $\mathcal{T}_A$의 원소들을 **A의 열린 부분집합(open subset of A)** 또는 **A에서 열려 있다 (open in A)**라 한다.

보기 1.5.2. 집합 $X = \{1, 2, 3, 4, 5\}$ 위의 위상

$$\mathcal{T} = \{X, \varnothing, \{1\}, \{2\}, \{1, 2\}, \{1, 2, 3\}, \{1, 2, 4, 5\}\}$$

을 생각하자. 부분집합 $A = \{1, 2, 3\}$와 $B = \{2, 3, 4\}$의 부분위상 $\mathcal{T}_A$와 $\mathcal{T}_B$를 구하고, 집합 $C = \{2, 3\}$에 대하여

$$\overline{C}^X,\ int_X(C),\ \overline{C}^A,\ int_A(C),\ \overline{C}^B,\ int_B(C)$$

를 각각 구하시오.

풀이 부분위상의 정의에 의해

$$\mathcal{T}_A = \{A, \varnothing, \{1\}, \{2\}, \{1, 2\}\}, \quad \mathcal{T}_B = \{B, \varnothing, \{2\}, \{2, 3\}, \{2, 4\}\}$$

이다.

(a) 위상공간 $(X, \mathcal{T})$에서 $X - C = \{1, 4, 5\} \notin \mathcal{T}$이므로, C는 닫힌 부분집합이 아니다.

C를 포함하는 $(X, \mathcal{T})$의 닫힌 부분집합은 X와 $\{2,3,4,5\}$ 뿐이므로, $\overline{C}^X = \{2,3,4,5\}$이다. 그리고 내부의 정의에 의해, $int_X(C) = \{2\}$이다.

(b) 부분공간 $(A, \mathcal{T}_A)$에서 $A - C = \{1\} \in \mathcal{T}_A$이므로, C는 $(A, \mathcal{T}_A)$의 닫힌 부분집합이다. 따라서, $\overline{C}^A = C = \{2,3\}$이다. 그리고 내부의 정의에 의해, $int_A(C) = \{2\}$이다.

(c) 부분공간 $(B, \mathcal{T}_B)$에서 $B - C = \{4\} \notin \mathcal{T}_B$이므로, C는 $(B, \mathcal{T}_B)$의 닫힌 부분집합이 아니다. C를 포함하는 $(B, \mathcal{T}_B)$의 닫힌 부분집합은 B 뿐이므로, $\overline{C}^B = B$이다. 그리고 C는 $(B, \mathcal{T}_B)$의 열린 부분집합이므로 $int_B(C) = C = \{2,3\}$이다. □

주목 1.5.3. 보기 1.5.2에서 다음을 관찰하자.

(a) 집합 C는 위상공간 $(X, \mathcal{T})$의 닫힌 부분집합이 아니다. 반면에 C는 부분공간 $(A, \mathcal{T}_A)$의 닫힌 부분집합이고, 부분공간 $(B, \mathcal{T}_B)$의 닫힌 부분집합이 아니다.

(b) 집합 C는 위상공간 $(X, \mathcal{T})$의 열린 부분집합이 아니다. 반면에 C는 부분공간 $(A, \mathcal{T}_A)$의 열린 부분집합이 아니고, 부분공간 $(B, \mathcal{T}_B)$의 열린 부분집합이다.

정리 1.5.4. $(A, \mathcal{T}_A)$가 위상공간 $(X, \mathcal{T})$의 부분공간이고 $C \subseteq A$라 하자. 그러면 다음은 동치이다:

(a) C는 $(A, \mathcal{T}_A)$의 닫힌 부분집합이다.

(b) $C = D \cap A$인 $(X, \mathcal{T})$의 닫힌 부분집합 D가 존재한다.

증명 (a) ⇒ (b) C가 $(A, \mathcal{T}_A)$의 닫힌 부분집합이라 하자. 그러면 $A - C \in \mathcal{T}_A$이므로,

$$A - C = U \cap A$$

인 $U \in \mathcal{T}$가 존재한다. $D = X - U$라 하자. 그러면 D는 $(X, \mathcal{T})$의 닫힌 부분집합이고

$$D \cap A = (X - U) \cap A = A - (U \cap A) = A - (A - C) = C$$

이다.

(b) ⇒ (a) $C = D \cap A$인 $(X, \mathcal{T})$의 닫힌 부분집합 D가 존재한다고 하자. $U = X - D$로 놓으면 $U \in \mathcal{T}$이고

$$C = D \cap A = (X - U) \cap A = A - (U \cap A)$$

이다. $U \cap A \in \mathcal{T}_A$이므로 $C = A - (U \cap A)$는 $(A, \mathcal{T}_A)$의 닫힌 부분집합이다. □

정리 1.5.5. 위상공간 $(X, \mathcal{T})$의 부분공간 $(A, \mathcal{T}_A)$에 대하여 다음이 성립한다:

(a) A가 X의 열린 부분집합이라 하자. $U \in \mathcal{T}_A$이면, $U \in \mathcal{T}$이다.

(b) A가 X의 닫힌 부분집합이라 하자. C가 A의 닫힌 부분집합이면, C는 X의 닫힌 부분집합이다.

증명 (a) $A \in \mathcal{T}$라 하자. $U \in \mathcal{T}_A$이면, $U = V \cap A$인 $V \in \mathcal{T}$가 존재한다. $A, V \in \mathcal{T}$이므로, $U \in \mathcal{T}$이다.

(b) A가 X의 닫힌 부분집합이라 하자. C가 A의 닫힌 부분집합이면, 정리 1.5.4에 의해 $C = D \cap A$인 X의 닫힌 부분집합 D가 존재한다. A, D 모두 X의 닫힌 부분집합이므로 $C = D \cap A$는 X의 닫힌 부분집합이다. □

정리 1.5.6. $(A, \mathcal{T}_A)$가 위상공간 $(X, \mathcal{T})$의 부분공간이고 $B \subseteq A$라 하자. 그러면

$$\overline{B}^A = A \cap \overline{B}^X$$

이다.

증명 ($\subseteq$) $\overline{B}^X$는 X의 닫힌 부분집합이므로, $A \cap \overline{B}^X$는 부분공간 A의 닫힌 부분집합이다. $B \subseteq A \cap \overline{B}^X$이므로, 폐포의 정의에 의해

$$\overline{B}^A \subseteq A \cap \overline{B}^X$$

이다.

($\supseteq$) $p \in A \cap \overline{B}^X$이라 하고, U가 부분공간 A에서 p의 열린 근방 즉,

$$p \in U \in \mathcal{T}_A$$

라 하자. 그러면 $U = V \cap A$인 $V \in \mathcal{T}$가 존재한다. $p \in V$이고 $p \in \overline{B}^X$이므로 $V \cap B \neq \varnothing$이다. $U \cap B = (V \cap A) \cap B = V \cap B \neq \varnothing$이기 때문에, $p \in \overline{B}^A$이다. 따라서 $A \cap \overline{B}^X \subseteq \overline{B}^A$이다. □

주목 1.5.7. 폐포의 정의와 정리 1.5.4를 이용하여 정리 1.5.6 ($\supseteq$)를 증명할 수도 있지만, 증명의 다양성을 제시하기 위해 폐포점을 이용하여 증명하였다. 실제로 이와 유사한 많은 명제들은 폐포점을 이용하면 어렵지 않게 증명할 수 있다.

정리 1.5.8. $(A, \mathcal{T}_A)$가 위상공간 $(X, \mathcal{T})$의 부분공간이고 $B \subseteq A$라 하자. 그러면

$$int_X(B) = int_X(A) \cap int_A(B)$$

이다.

증명 ($\subseteq$) $B \subseteq A$이므로, 연습문제 1.4.5에 의해 $int_X(B) \subseteq int_X(A)$이다.

$p \in int_X(B)$라 하자. 그러면 $p \in U \subseteq B$인 $U \in \mathcal{T}$가 존재한다. $p \in A$이기 때문에 $p \in U \cap A$이고, $U \cap A$는 부분공간 A의 열린집합이다. $U \cap A \subseteq B \cap A = B$이므로, $p \in int_A(B)$이다. 따라서 $int_X(B) \subseteq int_A(B)$이다. 그러므로

$$int_X(B) \subseteq int_X(A) \cap int_A(B)$$

이다.

($\supseteq$) $p \in int_X(A) \cap int_A(B)$라 하자. 그러면 $p \in U \subseteq A$이고 $p \in V \subseteq B$인 $U \in \mathcal{T}$와 $V \in \mathcal{T}_A$가 존재한다. 그리고 $V \in \mathcal{T}_A$이므로, $V = W \cap A$인 $W \in \mathcal{T}$가 존재한다. $U \cap W \in \mathcal{T}$이고 $p \in U \cap W \subseteq A \cap W = V \subseteq B$이기 때문에, $p \in int_X(B)$이다. 따라서

$$int_X(A) \cap int_A(B) \subseteq int_X(B)$$

이다. □

정리 1.5.9. $\mathcal{B}$가 위상공간 $(X, \mathcal{T})$에 대한 기저라 하고 $A \subseteq X$라 하자. 그러면

$$\mathcal{B}_A = \{B \cap A \mid B \in \mathcal{B}\}$$

는 부분공간 $(A, \mathcal{T}_A)$에 대한 기저이다.

증명 $U \in \mathcal{T}_A$이고 $p \in U$라 하자. 그러면 $U = V \cap A$인 $V \in \mathcal{T}$가 존재한다. $\mathcal{B}$가 위상 $\mathcal{T}$에 대한 기저이고 $p \in V$이므로, $p \in B \subseteq V$인 $B \in \mathcal{B}$가 존재한다. 그러면

$$p \in B \cap A \subseteq V \cap A = U$$

이므로 $\mathcal{B}_A$는 위상 $\mathcal{T}_A$에 대한 기저이다. □

보기 1.5.10. $A = [0,1]$가 유클리드 공간 $(\mathbb{R}, \mathcal{T})$의 부분공간이고

$$\mathcal{B} = \{(a,b) \subseteq \mathbb{R} \mid a, b \in \mathbb{R}\}$$

라 하자.

(a) $\mathcal{T}$에 의해 결정된 부분공간 $(A, \mathcal{T}_A)$에 대한 기저 $\mathcal{B}_A$는 다음과 같다:

$$\mathcal{B}_A = \{[0,b) \mid 0 < b \leq 1\} \cup \{(a,1] \mid 0 \leq a < 1\}$$

$$\cup\{(a,b) \mid 0 \leq a < b \leq 1\} \cup \{[0,1]\}.$$

(b) $[0,1) \in \mathcal{T}_A$이지만 $[0,1) \notin \mathcal{T}$이다.

풀이 (a) $[0,1] = (-1,2) \cap A$이고 $(-1,2) \in \mathcal{B}$이므로, $[0,1] \in \mathcal{B}_A$이다. 나머지는 독자에게 맡긴다.

(b) 연습문제 1.3.6 (b)에 의해 $[0,1) \notin \mathcal{T}$이다. $[0,1) = (-1,1) \cap A$이고 $(-1,1) \in \mathcal{B}$이므로 $[0,1) \in \mathcal{T}_A$이다. □

보기 1.5.11. $(\mathbb{N}, \mathcal{T}_{\mathbb{N}})$이 유클리드 공간 $(\mathbb{R}, \mathcal{T})$의 부분공간이라 하자. 그러면 $\mathcal{T}_{\mathbb{N}}$은 이산위상 즉, $\mathcal{T}_{\mathbb{N}} = \mathcal{P}(\mathbb{N})$이다.

풀이 각 $n \in \mathbb{N}$에 대하여 $\{n\} = (n-1, n+1) \cap \mathbb{N}$이고 $(n-1, n+1) \in \mathcal{T}$이므로 $\{n\} \in \mathcal{T}_{\mathbb{N}}$이다. 그러므로 연습문제 1.1.7에 의해 $\mathcal{T}_{\mathbb{N}}$은 이산위상이다. □

정리 1.5.12. $(A, \mathcal{T}_A)$가 위상공간 $(X, \mathcal{T})$의 부분공간이라 하자.

(a) $\mathcal{T}$가 이산위상이면, $\mathcal{T}_A$는 이산위상이다.

(b) $\mathcal{T}$가 비이산위상이면, $\mathcal{T}_A$는 비이산위상이다.

증명 (a) $B \subseteq A$라 하자. $B \subseteq X$이므로 $B \in \mathcal{T}$이다. 또한 $B = B \cap A$이므로 $B \in \mathcal{T}_A$ 이다. 그러므로 $\mathcal{T}_A = \mathcal{P}(A)$ 즉, $\mathcal{T}_A$는 이산위상이다.

(b) $\mathcal{T} = \{\varnothing, X\}$이므로 $\mathcal{T}_A = \{\varnothing \cap A, X \cap A\} = \{\varnothing, A\}$이다. 그러므로 $\mathcal{T}_A$는 비이산위상이다. □

가분성(separability)과 부분공간에 대한 보기와 정리를 살펴보고 이 절을 마무리하겠다. 다음은 가분공간의 부분공간이 반드시 가분일 필요는 없다는 것을 말해준다.

보기 1.5.13. 한 점 $p \notin \mathbb{R}$에 대하여 $X = \mathbb{R} \cup \{p\}$라 하고

$$\mathcal{T} = \{\varnothing\} \cup \{U \subseteq X \mid p \in U\}$$

라 하자. 그러면 $\mathcal{T}$는 X 위의 위상이고 다음이 성립한다.

(a) $(X, \mathcal{T})$는 가분이다.

(b) 부분공간 $(\mathbb{R}, \mathcal{T}_{\mathbb{R}})$은 가분이 아니다.

풀이 (a) $(X, \mathcal{T})$의 공집합이 아닌 임의의 열린집합 U에 대하여 $p \in U$이므로, $\overline{\{p\}} = X$이다. 그러므로 $(X, \mathcal{T})$는 가분이다.

(b) 각 점 $a \in \mathbb{R}$에 대하여 $\{a, p\} \in \mathcal{T}$이므로 $\{a\} = \{a, p\} \cap \mathbb{R} \in \mathcal{T}_{\mathbb{R}}$이다. 따라서 $\mathcal{T}_{\mathbb{R}}$은 이산위상이다. 그리고 $\mathbb{R}$의 모든 가산 부분집합은 닫힌집합이고 $\mathbb{R}$은 비가산집합이기 때문에, $(\mathbb{R}, \mathcal{T}_{\mathbb{R}})$은 가분이 아니다. □

정리 1.5.14. 위상공간 $(X, \mathcal{T})$가 가분이고 $A \in \mathcal{T}$라 하자. 그러면 부분공간 $(A, \mathcal{T}_A)$는 가분이다.

증명 $(X, \mathcal{T})$가 가분이므로, 가산이고 조밀한 부분집합 D가 존재한다. 그러면 $A \cap D$는 A의 가산인 부분집합이므로 $\overline{A \cap D}^A = A$임을 보이면 충분하다.

$p \in A$에 대하여 $p \in U \in \mathcal{T}_A$라 하자. 그러면 $U = V \cap A$인 $V \in \mathcal{T}$가 존재한다. 그리고 $V \in \mathcal{T}$이고 $A \in \mathcal{T}$이므로, $U \in \mathcal{T}$이다.

또한 $\overline{D}^X = X$이기 때문에 $U \cap D \neq \varnothing$이고, $U \subseteq A$이기 때문에 $U = U \cap A$이다. 따라서

$$U \cap (A \cap D) = U \cap D \neq \varnothing$$

이다. 즉, $p \in \overline{A \cap D}^A$이다. 그러므로 $\overline{A \cap D}^A = A$이다. □

연습문제 1.5

1. $(X, \mathcal{T})$가 위상공간이고 $A \subseteq X$이라 하자.

$$\mathcal{T}_A = \{U \cap A \mid U \in \mathcal{T}\}$$

가 A 위의 위상임을 증명하시오.

2. 유클리드 공간 $(\mathbb{R}, \mathcal{T})$의 기저

$$\mathcal{B} = \{(a, b) \subseteq \mathbb{R} \mid a, b \in \mathbb{Q}\}$$

에 대하여, 다음 각 부분공간의 기저를 구하시오. [참고. 유클리드 공간의 부분공간을 간단히 유클리드 공간이라 부르기도 한다.]

(a) $A = (0, 1)$

(b) $B = (0, 1]$

(c) $C = (0, \sqrt{2}]$

(d) $D = (-\infty, 1)$

(e) $E = (-\infty, 0]$

(f) $F = (0, \infty)$

(g) $G = [0, \infty)$

3. $(\mathbb{Q}, \mathcal{T}_{\mathbb{Q}})$가 유클리드 공간 $(\mathbb{R}, \mathcal{T})$의 부분공간이라 하자. $(\mathbb{Q}, \mathcal{T}_{\mathbb{Q}})$에서 다음 각 집합의 폐포, 내부, 도집합을 구하시오.

(a) $A = (0, 1) \cap \mathbb{Q}$

(b) $B = [0, 1] \cap \mathbb{Q}$

(c) $C = (\sqrt{2}, \sqrt{3}) \cap \mathbb{Q}$

(d) $D = [\sqrt{2}, \sqrt{3}] \cap \mathbb{Q}$

(e) $E = \{\frac{1}{n} \mid n \in \mathbb{N}\}$

제 2 장

거리공간

이 장에서는 해석학 등에서 주로 다루는 유클리드 공간의 거리(distance)를 임의의 집합 X 위의 거리로 일반화한 거리공간(metric space), 그리고 거리공간에서의 수열의 수렴성에 대하여 알아보고, 거리에 의해 유도된 위상공간이 갖는 성질들을 공부하되 그것이 유클리드 공간과 어떤 관계가 있는지 살펴보고자 한다. 1장에서 공부한 위상공간의 개념이 다소 추상적이었다면 이 장의 학습을 통해 위상공간의 개념을 좀 더 구체화할 수 있을 것으로 기대한다.

2.1 거리공간

해석학 등에서 모든 실수들의 집합 $\mathbb{R}$에서 임의의 $x, y \in \mathbb{R}$에 대하여 x에서 y까지의 거리를 절댓값 $|x-y|$으로 정의한다. 그리고 이것은 다음 성질을 만족한다:

(a) 임의의 $x, y \in \mathbb{R}$에 대하여 $|x-y| \geq 0$.

(b) $|x-y| = 0$일 필요충분조건은 $x = y$.

(c) 임의의 $x, y \in \mathbb{R}$에 대하여 $|x-y| = |y-x|$.

(d) 임의의 $x, y, z \in \mathbb{R}$에 대하여 $|x-z| \leq |x-y| + |y-z|$.

다음은 이 유클리드 거리를 임의의 집합 X 위의 거리로 일반화한 것이다.

정의 2.1.1. 임의의 집합 X에 대하여 함수 $d : X \times X \to \mathbb{R}$가

(a) 임의의 $x, y \in X$에 대하여 $d(x,y) \geq 0$.

(b) $d(x,y) = 0$일 필요충분조건은 $x = y$.

(c) 임의의 $x, y \in X$에 대하여 $d(x,y) = d(y,x)$.

(d) (삼각부등식) 임의의 $x, y, z \in X$에 대하여 $d(x,z) \leq d(x,y) + d(y,z)$.

을 만족할 때, d를 X **위의 거리(metric on** X**)**라 하고, (X,d)를 **거리공간(metric space)**이라 한다. 그리고 $d(x,y)$를 x**에서** y**까지의 거리(distance from** x **to** y**)**라 한다.

보기 2.1.2. (a) $\mathbb{R}$이 모든 실수들의 집합이라 하자. 함수 $d : \mathbb{R} \times \mathbb{R} \to \mathbb{R}$를 임의의 $x, y \in \mathbb{R}$에 대하여

$$d(x,y) = |x - y|$$

로 정의하자. 그러면 분명히 d는 정의 2.1.1의 조건을 모두 만족한다. 즉, d는 $\mathbb{R}$ 위의 거리(metric)이다. 이 거리 d를 $\mathbb{R}$ 위의 **유클리드 거리(보통 거리, Euclidean metric, usual metric)**라 하고 간단히 d_u로 나타낸다.

(b) 함수 $d : \mathbb{R}^n \times \mathbb{R}^n \to \mathbb{R}$ ($n \geq 2$은 자연수)를 임의의 $\mathbf{x} = \langle x_1, x_2, \cdots, x_n \rangle, \mathbf{y} = \langle y_1, y_2, \cdots, y_n \rangle \in \mathbb{R}^n$에 대하여

$$d(\mathbf{x}, \mathbf{y}) = \sqrt{(x_1 - y_1)^2 + (x_2 - y_2)^2 + \cdots (x_n - y_n)^2}$$

로 정의하자. 그러면 d는 $\mathbb{R}^n$ 위의 거리이다. 이 거리 d를 $\mathbb{R}^n$ 위의 **유클리드 거리**라 한다. 이 경우도 간단히 d_u로 나타낸다.

풀이 연습문제. □

보기 2.1.3. (a) X가 임의의 집합이라 하자. 함수 $d_d : X \times X \to \mathbb{R}$를 임의의 $x, y \in X$에 대하여

$$d_d(x,y) = \begin{cases} 1, & x \neq y \\ 0, & x = y \end{cases}$$

로 정의하자. 그러면 d_d는 X 위의 거리이다. 이 거리를 X 위의 **이산거리(discrete metric)**라 한다.

(b) 함수 $d_t : \mathbb{R}^n \times \mathbb{R}^n \to \mathbb{R}$ ($n \geq 2$은 자연수)를 임의의 $\mathbf{x} = \langle x_1, x_2, \cdots, x_n \rangle, \mathbf{y} = \langle y_1, y_2, \cdots, y_n \rangle \in \mathbb{R}^n$에 대하여

$$d_t(\mathbf{x}, \mathbf{y}) = \sum_{i=1}^{n} |x_i - y_i|$$

로 정의하자. 그러면 d_t는 $\mathbb{R}^n$ 위의 거리이다. 이 거리를 $\mathbb{R}^n$ 위의 **택시거리(taxicab metric)**라 한다.

(c) 함수 $d_m : \mathbb{R}^n \times \mathbb{R}^n \to \mathbb{R}$ ($n \geq 2$은 자연수)을 임의의 $\mathbf{x} = \langle x_1, x_2, \cdots, x_n \rangle, \mathbf{y} = \langle y_1, y_2, \cdots, y_n \rangle \in \mathbb{R}^n$에 대하여

$$d_m(\mathbf{x}, \mathbf{y}) = \max\{|x_i - y_i| \mid i = 1, 2, \cdots, n\}$$

로 정의하자. 그러면 d_m은 $\mathbb{R}^n$ 위의 거리이다. 이 거리를 $\mathbb{R}^n$ 위의 **최대거리(max metric)**라 한다.

풀이 다른 것은 명백하므로 삼각부등식만을 증명하겠다.

(a) $x, y, z \in X$라 하자. $x = z$인 경우

$$d_d(x,z) = 0 \leq d_d(x,y) + d_d(y,z)$$

이다. $x \neq z$이고 $x = y$라 하자. 그러면 $y \neq z$이므로

$$d_d(x,z) = 1, \quad d_d(x,y) + d(y,z) = 1$$

이다. $x \neq z$이고 $x \neq y$라 하자. 그러면

$$d_d(x,z) = 1, \quad d_d(x,y) + d_d(y,z) = 1 + d_d(y,z) \geq 1$$

이다. 따라서 삼각부등식을 만족한다. 그러므로 d_d는 X 위의 거리이다.

(b) $\mathbf{x} = \langle x_1, x_2, \cdots, x_n \rangle, \mathbf{y} = \langle y_1, y_2, \cdots, y_n \rangle, \mathbf{z} = \langle z_1, z_2, \cdots, z_n \rangle \in \mathbb{R}^n$라 하자. 각 i에 대하여

$$|x_i - z_i| \leq |x_i - y_i| + |y_i - z_i|$$

이므로

$$\sum_{i=1}^{n} |x_i - z_i| \leq \sum_{i=1}^{n} |x_i - y_i| + \sum_{i=1}^{n} |y_i - z_i|$$

이다. 따라서

$$d_t(\mathbf{x}, \mathbf{z}) \leq d_t(\mathbf{x}, \mathbf{y}) + d_t(\mathbf{y}, \mathbf{z})$$

이다. 그러므로 d_t는 $\mathbb{R}^n$ 위의 거리이다.

(c) $\mathbf{x} = \langle x_1, x_2, \cdots, x_n \rangle, \mathbf{y} = \langle y_1, y_2, \cdots, y_n \rangle, \mathbf{z} = \langle z_1, z_2, \cdots, z_n \rangle \in \mathbb{R}^n$라 하자. 각 i에 대하여

$$|x_i - z_i| \leq |x_i - y_i| + |y_i - z_i|$$

이므로 d_m의 정의에 의해

$$\text{각 } i\text{에 대하여 } |x_i - z_i| \leq d_m(\mathbf{x}, \mathbf{y}) + d_m(\mathbf{y}, \mathbf{z})$$

을 얻는다. 따라서

$$d_m(\mathbf{x}, \mathbf{z}) \leq d_m(\mathbf{x}, \mathbf{y}) + d_m(\mathbf{y}, \mathbf{z})$$

이다. 그러므로 d_m는 $\mathbb{R}^n$ 위의 거리이다. □

정의 2.1.4. (X, d)가 거리공간이라 하자. 임의의 점 $p \in X$와 양의 실수 ε에 대하여

$$B_d(p, \varepsilon) = \{x \in X \mid d(p, x) < \varepsilon\}$$

를 중심이 p이고 반경이 ε인 **열린구(열린공, open ball)**이라 한다. 그리고 명확할 때는 d를 생략하여 $B(p, \varepsilon)$로 나타내기도 한다.

d_u가 $\mathbb{R}$ 위의 유클리드 거리라 하자. 그러면 임의의 점 $p \in X$와 양의 실수 ε에 대하여

$$B_{d_u}(p, \varepsilon) = \{x \in \mathbb{R} \mid |p - x| < \varepsilon\}$$

즉, $B_{d_u}(p, \varepsilon)$는 열린구간 $(p - \varepsilon, p + \varepsilon)$이다. $\mathbb{R}^2$ 위의 유클리드 거리에 대한 다음 보기를 살펴보자.

보기 2.1.5. $n = 2$일 때, $\mathbb{R}^2$ 위에 정의된 보기 2.1.3의 거리 d_t, d_m와 유클리드 거리 d_u에 대하여 다음 열린구를 비교하시오. 단, $\mathbf{0} = (0, 0) \in \mathbb{R}^2$이다.

(a) $B_{d_u}(\mathbf{0}, 1)$ (b) $B_{d_t}(\mathbf{0}, 1)$ (c) $B_{d_m}(\mathbf{0}, 1)$

풀이

$$B_{d_u}(\mathbf{0}, 1) = \{\langle x, y\rangle \in \mathbb{R}^2 \mid \sqrt{(x-0)^2 + (y-0)^2} < 1\}$$
$$B_{d_t}(\mathbf{0}, 1) = \{\langle x, y\rangle \in \mathbb{R}^2 \mid |x-0| + |y-0| < 1\}$$
$$B_{d_m}(\mathbf{0}, 1) = \{\langle x, y\rangle \in \mathbb{R}^2 \mid \max\{|x-0|, |y-0|\} < 1\}$$

이므로

$$\langle x, y\rangle \in B_{d_u}(\mathbf{0}, 1) \quad \Leftrightarrow \quad x^2 + y^2 < 1$$
$$\langle x, y\rangle \in B_{d_t}(\mathbf{0}, 1) \quad \Leftrightarrow \quad |x| + |y| < 1$$
$$\langle x, y\rangle \in B_{d_m}(\mathbf{0}, 1) \quad \Leftrightarrow \quad |x| < 1,\ |y| < 1$$

이다. 그러므로 $B_{d_t}(\mathbf{0}, 1) \subseteq B_{d_u}(\mathbf{0}, 1) \subseteq B_{d_m}(\mathbf{0}, 1)$이다. □

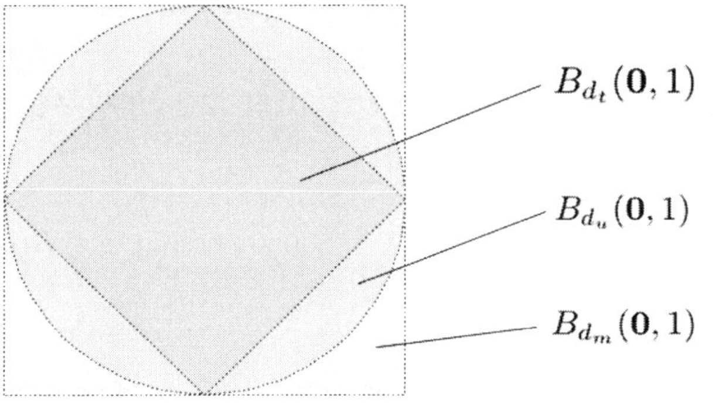

그림 2.1.1

이제 집합 X 위에 주어진 거리 d에 의해 유도되는 위상에 대하여 알아보자.

정리 2.1.6. (X, d)가 거리공간이고

$$\mathcal{B} = \{B(p, \varepsilon) \mid p \in X, \varepsilon > 0\}$$

라 하자. 그러면 $\mathcal{B}$은 집합 X 위의 어떤 (미지의) 위상에 대한 기저이다.

증명 임의의 $p \in X$에 대하여 $p \in B(p, 1) \in \mathcal{B}$이므로

$$X = \bigcup_{p \in X} B(p, \varepsilon) = \cup \mathcal{B}$$

이다. 이제 $p \in B(x_1, \varepsilon_1) \cap B(x_2, \varepsilon_2)$라 하자. 그러면 $d(p, x_1) < \varepsilon_1$이고 $d(p, x_2) < \varepsilon_2$이다. 이제 $\varepsilon = \min\{\varepsilon_1 - d(p, x_1), \varepsilon_2 - d(p, x_2)\}$라 하자. 그러면 임의의 $x \in B(p, \varepsilon)$에 대하여

$$d(x, x_1) \leq d(x, p) + d(p, x_1) < \varepsilon + (\varepsilon_1 - \varepsilon) = \varepsilon_1$$

$$d(x, x_2) \leq d(x, p) + d(p, x_2) < \varepsilon + (\varepsilon_2 - \varepsilon) = \varepsilon_2$$

이다. 따라서 $x \in B(x_1, \varepsilon_1) \cap B(x_2, \varepsilon_2)$ 즉, $B(p, \varepsilon) \subseteq B(x_1, \varepsilon_1) \cap B(x_2, \varepsilon_2)$이다.

그러므로 $\mathcal{B}$는 X 위의 어떤 위상에 대한 기저이다. □

주목 2.1.7. 1.3절에서 보았듯이, 거리공간 (X, d)의 모든 열린구들로 이루어진 모임 $\mathcal{B}$에 의해 유도된 위상은 다음과 같이 쓸 수 있다:

$$\mathcal{T}_{\mathcal{B}} = \{U \subseteq X \mid \forall x \in U, \exists p \in X, \varepsilon > 0 \text{ such that } x \in B(p, \varepsilon) \subseteq U\}.$$

특히, 다음과 같이 간단히 다시 쓸 수 있다:

$$\mathcal{T}_{\mathcal{B}} = \{U \subseteq X \mid \forall x \in U, \exists \varepsilon > 0 \text{ such that } x \in B(x, \varepsilon) \subseteq U\}.$$

정의 2.1.8. (X, d)가 위상공간이고 $\mathcal{B}$가 X의 모든 열린구들로 이루어진 모임이라 하자. $\mathcal{B}$에 의해 유도된 위상을 **d에 의해 유도된 X 위의 위상(induced topology by d)**이라 하고 $\mathcal{T}_d$로 나타낸다.

정리 2.1.9. (X, d_d)가 이산 거리공간이라 하자. 그러면 d_d에 의해 유도된 위상 $\mathcal{T}_{d_d}$는 이산위상이다. 즉, $\mathcal{T}_{d_d} = \mathcal{P}(X)$이다.

증명 연습문제 1.1.7에 의해 모든 단집합이 열린집합임을 보이면 충분하다. $x \in X$가 임의의 점이고 $\varepsilon = \frac{1}{2}$이라 하자. $y \in B(x, \varepsilon)$이면 $d_d(x, y) < \frac{1}{2}$이고, d_d는 이산거리이므로 $d_d(x, y) = 0$ 즉, $x = y$이다. 따라서 $B(x, \varepsilon) = \{x\}$이고 이것은 기저의 원소이므로 열린집합이다. 그러므로 $\mathcal{T}_{d_d}$는 이산위상이다. □

정리 2.1.10. $(\mathbb{R}, d_u)$가 유클리드 거리공간이라 하자. 그러면 d_u에 의해 유도된 위상 $\mathcal{T}_{d_u}$는 유클리드위상이다. 즉, $\mathcal{T}_{d_u} = \mathcal{T}_u$이다.

증명 공집합은 모든 위상에 속하므로 공집합이 아닌 열린집합에 대해서만 증명하면 충분하다.

($\subseteq$) $\varnothing \neq U \in \mathcal{T}_{d_u}$라 하고 $x \in U$라 하자. 그러면 $x \in B(x, \varepsilon) \subseteq U$인 양수 ε이 존재한다. 그리고 $B(x, \varepsilon) = (x - \varepsilon, x + \varepsilon)$이므로 $B(x, \varepsilon) \in \mathcal{T}_u$이다. 따라서 $U \in \mathcal{T}_u$이다.

($\supseteq$) $\varnothing \neq U \in \mathcal{T}_u$라 하고 $x \in U$라 하자. 그러면 $x \in (a, b) \subseteq U$인 두 실수 a, b가 존재한다. $\varepsilon = \min\{x - a, b - x\}$라 하자. 그러면 $x \in B(x, \varepsilon) = (x - \varepsilon, x + \varepsilon) \subseteq (a, b) \subseteq U$이다. 또한 $B(x, \varepsilon) \in \mathcal{T}_{d_u}$이고

$$U = \bigcup_{x \in U} B(x, \varepsilon)$$

이므로 $U \in \mathcal{T}_{d_u}$이다.

그러므로 $\mathcal{T}_{d_u} = \mathcal{T}_u$이다. □

주목 2.1.11. $\mathbb{R}^n$ $(n \geq 2)$ 위의 유클리드 거리 d_u에 의해 유도된 위상 $\mathcal{T}_{d_u}$를 $\mathbb{R}^n$ 위의 **유클리드 위상(Euclidean topology on $\mathbb{R}^n$)**이라 하고, $(\mathbb{R}^n, \mathcal{T}_{d_u})$를 **유클리드 공간(Euclidean space)**이라 말한다.

정의 2.1.12. $(X, \mathcal{T})$가 위상공간이고, X 위의 거리 d에 의해 유도된 위상을 $\mathcal{T}_d$라 하자. $\mathcal{T} = \mathcal{T}_d$일 때 위상공간 $(X, \mathcal{T})$는 **거리화가능하다(metrizable)**고 한다.

주목 2.1.13. 정리 2.1.10에 의해 유클리드 공간 $(\mathbb{R}, \mathcal{T}_u)$는 거리화가능하다.

연습문제 2.1

1. 보기 2.1.2 (b)에서 정의한 함수 $d : \mathbb{R}^n \times \mathbb{R}^n \to \mathbb{R}$가 $\mathbb{R}^n$ 위의 거리임을 증명하시오. [힌트. Minkowski 부등식 $||\mathbf{x}+\mathbf{y}||^2 \leq (||\mathbf{x}|| + ||\mathbf{y}||)^2$을 이용하시오. 단, $||\mathbf{x}|| = \sqrt{x_1^2 + x_2^2 + \cdots x_n^2}$이다.]

2. (X, d)가 거리공간이라 하자. 함수 $\rho : X \times X \to \mathbb{R}$를 임의의 $x, y \in X$에 대하여

$$\rho(x,y) = \frac{d(x,y)}{1+d(x,y)}$$

로 정의하자. 다음을 증명하시오.

   (a) (X, ρ)가 거리공간이다.

   (b) $\mathcal{T}_d = \mathcal{T}_\rho$이다. [힌트, 연습문제 1.3.9 이용]

3. (X, d)가 거리공간이라 하자. 함수 $e : X \times X \to \mathbb{R}$를 임의의 $x, y \in X$에 대하여

$$e(x,y) = \min\{d(x,y), 1\}$$

로 정의하자. 다음을 증명하시오.

   (a) (X, e)는 거리공간이다.

   (b) $\mathcal{T}_d = \mathcal{T}_e$이다. [힌트, 연습문제 1.3.9 이용]

4. 다음 조건을 만족하는 집합 $X = \{1, 2, 3\}$ 위의 두 거리 d와 e를 찾으시오:
d와 e에 의해 유도된 위상 $\mathcal{T}_d$와 $\mathcal{T}_e$는 같지 않다.

5. 함수 $d : \mathbb{R}^2 \times \mathbb{R}^2 \to \mathbb{R}$를 임의의 $\mathbf{x} = \langle x_1, x_2 \rangle, \mathbf{y} = \langle y_1, y_2 \rangle \in \mathbb{R}^2$에 대하여

$$d(\mathbf{x}, \mathbf{y}) = \min\{|x_1 - y_1|, |x_2 - y_2|\}$$

로 정의하자. d가 $\mathbb{R}^2$ 위의 거리인지 결정하고 그 이유를 설명하시오.

6. d_u, d_t, d_m가 각각 $\mathbb{R}^2$ 위의 유클리드 거리, 택시 거리, 최대 거리라 하고, 각 거리에 의해 유도된 위상을 각각 $\mathcal{T}_{d_u}, \mathcal{T}_{d_t}, \mathcal{T}_{d_m}$이라 하자. $\mathcal{T}_u = \mathcal{T}_{d_u} = \mathcal{T}_{d_t} = \mathcal{T}_{d_m}$임을 증명하시오. [힌트. 보기 2.1.5와 연습문제 1.3.9 이용]

2.2 수열의 수렴성

이 절에서는 수열의 수렴성을 임의의 거리공간과 위상공간으로 확장하여 생각하고자 한다. 먼저 수열의 정의를 상기하자: 임의의 집합 X에 대하여 $f : \mathbb{N} \to X$가 함수일 때, f를 X의 **수열(sequence)**이라 하고 각 함숫값을

$$a_n = f(n), n \in \mathbb{N}$$

라 놓으면, 수열 f를 간단히 $f = (a_n)$로 나타낸다.

해석학 등에서 실수로 이루어진 수열 (a_n)이 p로 수렴한다는 것을 다음과 같이 정의한다: 임의의 양의 실수 ε에 대하여

$$n \geq N \to |a_n - p| < \varepsilon$$

을 만족하는 $N \in \mathbb{N}$이 존재한다.

정의 2.2.1. (X, d)가 거리공간, (a_n)이 X의 수열, $p \in X$라 하자. 임의의 $\varepsilon > 0$에 대하여

$$n \geq N \to d(a_n, p) < \varepsilon$$

을 만족하는 $N \in \mathbb{N}$이 존재할 때, (a_n)은 X에서 p에 **수렴한다(converges to p in X)**고 하고, p를 수열 (a_n)의 **극한(limit)**이라 한다. 그리고 간단히, $a_n \to p$로 나타낸다.

또한 위 정의에서 $a_n \in B(p, \varepsilon)$이고 $B(p, \varepsilon)$은 위상공간 $(X, \mathcal{T}_d)$의 열린집합이라는 것에 주목하자. 이러한 점에서 우리는 임의의 위상공간에서 수열의 수렴을 다음과 같이 자연스럽게 정의할 수 있다.

정의 2.2.2. $(X, \mathcal{T})$가 위상공간, (a_n)이 X에서의 수열, $p \in X$라 하자. p의 임의의 열린 근방 U에 대하여

$$n \geq N \to a_n \in U$$

을 만족하는 $N \in \mathbb{N}$이 존재할 때, (a_n)은 X에서 p에 **수렴한다(converges to p in X)**고 하고, p를 수열 (a_n)의 **극한(limit)**이라 한다. 그리고 간단히, $a_n \to p$로 나타낸다.

보기 2.2.3. 비이산공간 $(X, \mathcal{T})$의 모든 수열은 모든 점에 수열한다.

풀이 임의의 수열 (a_n)과 $p \in X$에 대하여 U가 p의 임의의 열린 근방이라 하자. 그러면 $\mathcal{T} = \{\varnothing, X\}$이고 $U \neq \varnothing$이기 때문에 $U = X$이다. 따라서

$$n \geq 1 \rightarrow a_n \in U$$

이다. 그러므로 (a_n)은 p에 수렴한다. □

보기 2.2.3에서와 같이 위상공간에서는 수열의 극한이 유일하지 않을 수도 있다는 것에 유의해야 한다. 아래는 나중에 분리공리를 다룰 때 다시 소개할 개념이지만, 수렴하는 수열의 극한의 유일성을 다룰 때 매우 중요한 역할을 하기 때문에 여기서 간략히 소개한다.

정의 2.2.4. $(X, \mathcal{T})$가 위상공간이라 하자. 임의의 서로 다른 두 점 $x, y \in X$에 대하여

$$x \in U, \quad y \in V$$

을 만족하는 서로소인 열린집합 U, V가 존재할 때, $(X, \mathcal{T})$를 T_2**-공간**(T_2**-space**) 또는 **하우스도르프 공간(Hausdorff space)**이라 한다.

정리 2.2.5. 모든 거리공간은 T_2-공간이다.

증명 (X, d)가 거리공간이고 $x, y \in X$가 임의의 서로 다른 두 점이라 하자. $\varepsilon = \frac{d(x,y)}{2}$라 놓으면 $\varepsilon > 0$이다. 이제 $U = B(x, \varepsilon)$, $V = B(y, \varepsilon)$가 서로소임을 증명하기 위해 $p \in U \cap V$라 하자. 그러면 $d(x, p) < \varepsilon$이고 $d(y, p) < \varepsilon$이다. 그러나

$$2\varepsilon = d(x, y) \leq d(x, p) + d(y, p) < \varepsilon + \varepsilon = 2\varepsilon$$

이 되어 모순이다. 그러므로 모든 거리공간은 T_2-공간이다. □

정리 2.2.6. T_2-공간 $(X, \mathcal{T})$에서 수렴하는 모든 수열의 극한은 유일하다. 즉,

$$a_n \rightarrow p\text{이고 } a_n \rightarrow q\text{이면}, \quad p = q\text{이다.}$$

증명 $a_n \to p$, $a_n \to q$이고 $p \neq q$이라 가정하자. 그러면

$$p \in U, \quad q \in V$$

을 만족하는 서로소인 열린집합 U, V가 존재한다. 그리고 $a_n \to p$이므로

$$n \geq N_p \to a_n \in U$$

인 $N_p \in \mathbb{N}$가 존재한다. 또한 $a_n \to q$이므로

$$n \geq N_q \to a_n \in V$$

인 $N_q \in \mathbb{N}$가 존재한다. $N = \max\{N_p, N_q\}$라 놓으면

$$n \geq N\text{인 } n\text{에 대하여 } a_n \in U \cap V$$

이다. 이것은 $U \cap V = \varnothing$이라는 사실에 모순이므로 $p = q$이다. □

따름정리 2.2.7. 임의의 거리공간에서 수렴하는 수열의 극한은 유일하다.

증명 정리 2.2.5와 정리 2.2.6으로부터 바로 얻어진다. □

보기 2.2.8. 비가산집합 X 위에 위상

$$\mathcal{T}_c = \{\varnothing\} \cup \{U \subseteq X \mid X - U\text{는 가산}\}$$

가 주어져 있다고 하자. 이때 $\mathcal{T}_c$를 **여가산위상(가산여집합위상, cocountable toplogy, countable complement topology)**이라 하고 $(X, \mathcal{T}_c)$를 **여가산공간(cocountable space)**이라 한다. A가 여가산공간 $(X, \mathcal{T}_c)$의 비가산 진부분집합이고 $p \in X - A$라 하자. 그러면 $p \in A^d$이지만 p에 수렴하는 수열이 A에 존재하지 않는다.

풀이 U를 p의 임의의 열린 근방이라 하자. 그러면 $X - U$는 가산이다. A는 비가산이므로 $A \not\subseteq X - U$이다. 따라서 $U \cap A - \{p\} = U \cap A \neq \varnothing$이다. 그러므로 $p \in A^d$이다.

이제 (a_n)이 집합 A의 수열이라고 하자. 그러면 $V = X - \{a_n \mid n \in \mathbb{N}\}$는 p의 열린 근방이고 모든 $n \in \mathbb{N}$에 대하여 $a_n \notin V$이다. 그러므로 (a_n)은 p에 수렴하지 않는다. □

정의 2.2.9. 거리공간 (X,d)의 수열 (a_n)이 다음을 만족할 때, (a_n)을 **코시 수열(Cauchy sequence)**이라 한다:

임의의 $\varepsilon > 0$에 대하여

$$m, n \geq N \quad \rightarrow \quad d(x_m, x_n) < \varepsilon$$

을 만족하는 $N \in \mathbb{N}$이 존재한다.

정리 2.2.10. 거리공간에서 수렴하는 모든 수열은 코시수열이다.

증명 (a_n)이 거리공간 (X,d)의 수열이고, (a_n)이 한 점 $p \in X$에 수렴한다고 하자. 그러면 임의의 $\varepsilon > 0$에 대하여

$$n \geq N \rightarrow d(x_n, p) < \frac{\varepsilon}{2}$$

을 만족하는 $N \in \mathbb{N}$이 존재한다. 따라서 $m, n \geq N$이면

$$d(x_m, x_n) \leq d(x_m, p) + d(x_n, p) < \frac{\varepsilon}{2} + \frac{\varepsilon}{2} = \varepsilon$$

이다. 그러므로 (a_n)은 코시수열이다. □

다음 보기는 정리 2.1.10의 역이 성립하지 않는다는 것을 말해준다.

보기 2.2.11. $\mathbb{R}$의 부분집합 $X = (0,1]$ 위에 다음과 같이 거리 $d : X \times X \rightarrow \mathbb{R}$가 주어져 있다고 하자: 임의의 $x, y \in X$에 대하여

$$d(x,y) = |x - y|.$$

각 $n \in \mathbb{N}$에 대하여 $a_n = \frac{1}{n}$인 수열 (a_n)을 생각하자. 그러면 (a_n)은 코시수열이지만 X의 어떤 점에도 수렴하지 않는다.

풀이 d가 X 위의 거리임은 쉽게 알 수 있으므로 독자에게 맡긴다.

먼저 (a_n)이 코시수열임을 보이기 위해 $\varepsilon > 0$이라 하자. 그러면 $0 < \frac{1}{N} < \frac{\varepsilon}{2}$인 $N \in \mathbb{N}$이 존재한다. 따라서 $m, n \geq N$이면

$$d(x_m, x_n) = \left|\frac{1}{m} - \frac{1}{n}\right| \leq \frac{1}{m} + \frac{1}{n} < \frac{\varepsilon}{2} + \frac{\varepsilon}{2} = \varepsilon$$

이다. 그러므로 (a_n)은 코시수열이다.

이제 임의의 점 $p \in X$에 대하여 $\varepsilon = \frac{p}{2}$라 하자. 그러면 $\varepsilon > 0$이고 $B(p, \varepsilon)$는 p의 열린 근방이다. (주의. $B(p, \varepsilon)$는 X의 부분집합이다.)

수열 (a_n)이 p에 수렴한다고 가정하면

$$n \geq N_1 \to d(x_n, p) < \varepsilon$$

을 만족하는 $N_1 \in \mathbb{N}$이 존재한다. 또한 $\varepsilon > 0$이므로 $0 < \frac{1}{N_2} < \varepsilon$인 $N_2 \in \mathbb{N}$가 존재한다. 따라서 $n \geq \max\{N_1, N_2\}$이면 $d(a_n, p) < \varepsilon$이고 $a_n < \varepsilon$이다. 그러므로

$$p = |p| \leq |p - a_n| + |a_n| < \varepsilon + \varepsilon = 2\varepsilon$$

이다. 즉, $2\varepsilon = p < 2\varepsilon$이 되어 모순이다. 그러므로 (a_n)은 X의 어떤 점에도 수렴하지 않는다. □

정의 2.2.12. A가 거리공간 (X, d)의 부분집합이라 하자. 모든 $x, y \in A$에 대하여 $d(x, y) < M$을 만족하는 실수 M이 존재할 때, A를 **유계집합(bounded set)**라 한다.

정리 2.2.13. (a_n)이 거리공간 (X, d)의 코시수열이고 $A = \{a_n \mid n \in \mathbb{N}\}$이라 하자. 그러면 A는 유계이다.

증명 (a_m)이 (X, d)의 코시수열이므로 $\varepsilon = \frac{1}{2}$에 대하여

$$m, n \geq N \to d(a_m, a_n) < \frac{1}{2}$$

을 만족하는 $N \in \mathbb{N}$이 존재한다.

$$M = 1 + \max\{2d(a_1, a_N), 2d(a_2, a_N), \cdots, 2d(a_{N-1}, a_N), 1\}$$

라 놓자. 그러면 임의의 $a_i, a_j \in A$에 대하여

$$d(a_i, a_j) \leq d(a_i, a_N) + d(a_j, a_N)$$

이다. $d(a_i, a_N) \geq d(a_j, a_N)$라 가정하자. 그러면 $d(a_i, a_j) \leq 2d(a_i, a_N)$이다. 따라서 $i \geq N$이면 $d(a_i, a_j) < 1 < M$이고, $i < N$이면 $d(a_i, a_j) < M$이다. $d(a_i, a_N) < d(a_j, a_N)$인 경우도 비슷하게 증명할 수 있다. 그러므로 A는 유계이다. □

연습문제 2.2

1. $X = \mathbb{R} - \{0\}$, $\mathcal{B} = \{(a, b) - \{0\} \subseteq \mathbb{R} \mid a, b \in \mathbb{Q}\}$이고, 각 $n \in \mathbb{N}$에 대하여 $a_n = \frac{1}{2^n}$이라 하자. 다음을 증명하시오.

   (a) $\mathcal{B}$는 X 위의 어떤 위상에 대한 기저이다.
   [참고. 사실 $\mathcal{T}_{\mathcal{B}}$는 X 위의 유클리드 거리 d에 의해 유도된 위상과 같다.]

   (b) (a_n)이 위상공간 X에서 코시수열임을 증명하시오.

   (c) (a_n)이 위상공간 X에서 어떤 점에도 수렴하지 않음을 증명하시오.

2. $X = \{a, b, c\}$, $\mathcal{B} = \{\{a\}, \{a, b\}, \{c\}\}$이고,

$$a_n = \begin{cases} a, & n\text{은 홀수} \\ b, & n\text{은 짝수} \end{cases}$$

   이라 하자. 다음 물음에 답하시오.

   (a) $\mathcal{B}$에 의해 생성된 위상 $\mathcal{T}_{\mathcal{B}}$를 구하시오.

   (b) 수열 (a_n)의 극한을 구하시오.

   (c) 집합 $A = \{a_n \mid n \in \mathbb{N}\}$에 대하여 A^d를 구하시오.

3. $(\mathbb{R}, \mathcal{T}_f)$가 여유한공간이고, 각 $n \in \mathbb{N}$에 대하여 $a_n = \frac{1}{n}$이라 하자. 수열 (a_n)은 $\mathbb{R}$의 모든 점에 수렴함을 증명하시오.

4. 거리공간 (X, d)의 부분집합 A에 대하여 다음이 동치임을 증명하시오.

   (a) A는 조밀한 곳이 없다.

   (b) 공집합이 아닌 열린집합 U에 대하여 $V \subseteq U$와 $V \cap \overline{A} = \varnothing$를 만족하는 공집합이 아닌 열린집합 V가 존재한다.

   (c) 공집합이 아닌 열린집합 U에 대하여 $\overline{B(x, \varepsilon)} \cap A = \varnothing$와 $B(x, \varepsilon) \subseteq U$을 만족하는 열린구 $B(x, \varepsilon)$가 존재한다.

5. 거리공간 (X, d)의 모든 코시수열이 X의 한 점 p에 수렴할 때, (X, d)를 **완비 공간(complete space)**이라 한다. 다음을 증명하시오:

   거리공간 (X, d)의 모든 코시수열이 수렴하는 부분수열을 가지면, (X, d)는 완비 공간이다.

6. 거리공간 (X, d)의 코시수열 (a_n)에 대하여, $A = \{a_n \mid n \in \mathbb{N}\}$가 유한집합이면, (a_n)은 수렴하는 수열임을 증명하시오.

7. 유클리드 거리공간 $(\mathbb{R}, d_u)$가 완비 공간임을 증명하시오.

   [힌트. 연습문제 2.2.6과 정리 2.2.13 이용]

8. A가 유클리드 거리공간 $(\mathbb{R}, d_u)$의 유계이고 닫힌 부분집합이라 하자. 다음을 증명하시오.

   (a) p가 A의 최소상계이면, $p \in A$이다.

   (b) p가 A의 최대하계이면, $p \in A$이다.

제 3 장

위상동형

이 장에서는 임의로 주어진 두 위상공간의 구조적 차이를 이해하는 데 필요한 연속함수와 위상동형함수 등에 대하여 살펴보고자 한다. 위상수학에서는 주어진 두 위상공간의 구조에 어떤 차이가 있는지 규명하는 것이 매우 중요하다. 예를 들어, 두 집합 $X = \{1, 2, 3\}$와 $Y = \{a, b, c\}$ 위에 위상 $\mathcal{T}_X$와 $\mathcal{T}_Y$가 다음과 같이 주어져 있다고 하자.

$$\mathcal{T}_X = \{X, \varnothing, \{1\}, \{1, 2\}, \{1, 3\}\}$$

$$\mathcal{T}_Y = \{Y, \varnothing, \{a\}, \{a, b\}, \{a, c\}\}$$

위상동형에 대해 모르는 독자도 두 집합 X와 Y의 원소만 다를 뿐 두 위상 $\mathcal{T}_X$와 $\mathcal{T}_Y$에 각각 속하는 열린집합의 모양(원소의 개수 등)이 같다는 것을 직관적으로 알 수 있다.

3.1 연속함수

해석학에서 모든 실수들의 집합 $\mathbb{R}$에 대하여, 함수 $f : \mathbb{R} \to \mathbb{R}$가 점 p**에서 연속이다**를 다음과 같이 정의한다:

(∗) 임의의 $\varepsilon > 0$에 대하여

$$|x - p| < \delta \quad \Rightarrow \quad |f(x) - f(p)| < \varepsilon$$

을 만족하는 $\delta > 0$가 존재한다.

$(*)$를 유클리드 거리공간 $(\mathbb{R}, d_u)$의 관점에서 열린구를 이용하여 다음과 같이 서술할 수 있다:

$(**)$ 임의의 $\varepsilon > 0$에 대하여

$$x \in B(p, \delta) \quad \Rightarrow \quad f(x) \in B(f(p), \varepsilon)$$

을 만족하는 $\delta > 0$가 존재한다.

유클리드 공간 $(\mathbb{R}, \mathcal{T}_u)$에서 $B(p, \delta)$와 $B(f(p), \varepsilon)$이 열린집합임을 관찰함으로써, 임의의 위상공간에서 함수 $f : X \to Y$의 '점에서의 연속성'으로 다음과 같이 $(**)$를 일반화할 수 있다.

정의 3.1.1. $(X, \mathcal{T})$와 $(Y, \mathcal{U})$가 위상공간이고 $p \in X$라 하자. 함수 $f : (X, \mathcal{T}) \to (Y, \mathcal{U})$가

$f(p)$의 임의의 열린 근방 U (즉, $f(p) \in U \in \mathcal{U}$)에 대하여

$$x \in V \quad \Rightarrow \quad f(x) \in U$$

을 만족하는 p의 열린 근방 V (즉, $p \in V \in \mathcal{T}$)가 존재한다.

을 만족할 때, f는 점 $p \in X$**에서 연속이다(continuous at** p **in** X**)**고 한다. 그리고 각 점 $p \in X$에서 f가 연속일 때, f를 **연속함수(continuous function)** 또는 **연속사상(continuous map)**이라 한다.

위상을 혼동할 우려가 없을 때, $f : (X, \mathcal{T}) \to (Y, \mathcal{U})$를 간단히 $f : X \to Y$로 나타낸다. 다음 정리는 정의에 의해 명백하므로 증명 없이 소개한다.

정리 3.1.2. $(X, \mathcal{T})$와 $(Y, \mathcal{U})$가 위상공간이라 하자. 함수 $f : X \to Y$가 한 점 $p \in X$에서 연속일 필요충분조건은

$f(p)$의 임의의 열린 근방 U (즉, $f(p) \in U \in \mathcal{U}$)에 대하여

$$f(V) \subseteq U$$

을 만족하는 p의 열린 근방 V (즉, $p \in V \in \mathcal{T}$)가 존재한다.

정리 3.1.3. 위상공간 $(X, \mathcal{T})$와 $(Y, \mathcal{U})$에 대하여, $f : X \to Y$라 하자. 그러면 다음은 동치이다:

(a) $f : X \to Y$는 연속이다.

(b) 임의의 $U \in \mathcal{U}$에 대하여, $f^{-1}(U) \in \mathcal{T}$이다.

(c) $(Y, \mathcal{U})$의 임의의 닫힌 부분집합 C에 대하여, $f^{-1}(C)$는 $(X, \mathcal{T})$의 닫힌 부분집합이다.

증명 (a) ⇒ (b) $U \in \mathcal{U}$이라 하자. $f^{-1}(U) = \varnothing$이면 $f^{-1}(U) \in \mathcal{T}$이다.

$p \in f^{-1}(U)$라 하자. 그러면 U는 $f(p)$의 열린 근방이다. 가정 (a)에 의하여 f는 점 $p \in X$에서 연속이므로, 정리 3.1.2에 의해 $f(V_p) \subseteq U$을 만족하는 p의 열린 근방 V_p 즉, $p \in V_p \in \mathcal{T}$인 V_p가 존재한다. 따라서 $p \in V_p \subseteq f^{-1}(U)$이다. 그러므로

$$f^{-1}(U) = \bigcup_{p \in f^{-1}(U)} V_p \in \mathcal{T}$$

이다.

(b) ⇒ (c) C가 Y의 닫힌 부분집합이라 하자. 그러면 $Y - C \in \mathcal{U}$이므로, 가정 (b)에 의하여 $f^{-1}(Y - C) \in \mathcal{T}$이다. 따라서

$$X - f^{-1}(C) = f^{-1}(Y) - f^{-1}(C) = f^{-1}(Y - C) \in \mathcal{T}$$

이다. 그러므로 $f^{-1}(C)$는 X의 닫힌 부분집합이다.

(c) ⇒ (a) $p \in X$이고 U가 $f(p)$의 열린 근방이라 하자. 그러면 $Y - U$는 Y의 닫힌 부분집합이다. 따라서 가정 (c)에 의하여 $f^{-1}(Y - U)$는 X의 닫힌 부분집합이다. $V = X - f^{-1}(Y - U)$로 놓으면 V는 p의 열린 근방이고

$$f(V) = f(X - f^{-1}(Y - U)) \subseteq U \text{ (연습문제)}$$

이다. 그러므로 f는 점 p에서 연속이다. p는 X의 임의의 점이므로, f는 연속이다. □

보기 3.1.4. 유클리드 공간 $(\mathbb{R}, \mathcal{T}_u)$에 대하여, 함수 $f : (\mathbb{R}, \mathcal{T}_u) \to (\mathbb{R}, \mathcal{T}_u)$가 $f(x) = 2x$, $x \in \mathbb{R}$라 하자. 그러면 f는 연속이다.

풀이 정의역의 각 점 $p \in \mathbb{R}$에 대하여 U가 공역인 위상공간 $(\mathbb{R}, \mathcal{T}_u)$의 열린 부분집합이고 $f(p) \in U$라 하자. 그러면 $f(p) \in (a, b) \subseteq U$인 공역 $(\mathbb{R}, \mathcal{T}_u)$의 기저의 원소인 열린구간 (a, b)가 존재한다. 그러면 $f^{-1}(a, b) = \left(\frac{a}{2}, \frac{b}{2}\right)$이다. $V = \left(\frac{a}{2}, \frac{b}{2}\right)$라 하자. V는 p의 열린 근방이고 $f(V) = (a, b) \subseteq U$이다. 그러므로 f는 연속이다. □

보기 3.1.5. 유클리드 공간 $(\mathbb{R}, \mathcal{T}_u)$에 대하여, 함수 $f : (\mathbb{R}, \mathcal{T}_u) \to (\mathbb{R}, \mathcal{T}_u)$가

$$f(x) = \begin{cases} 2x, & x \geq 1 \\ x, & x < 1 \end{cases}$$

라 하자. 그러면 f는 연속이 아니다. 특히, $p = 1$에서 연속이 아니다.

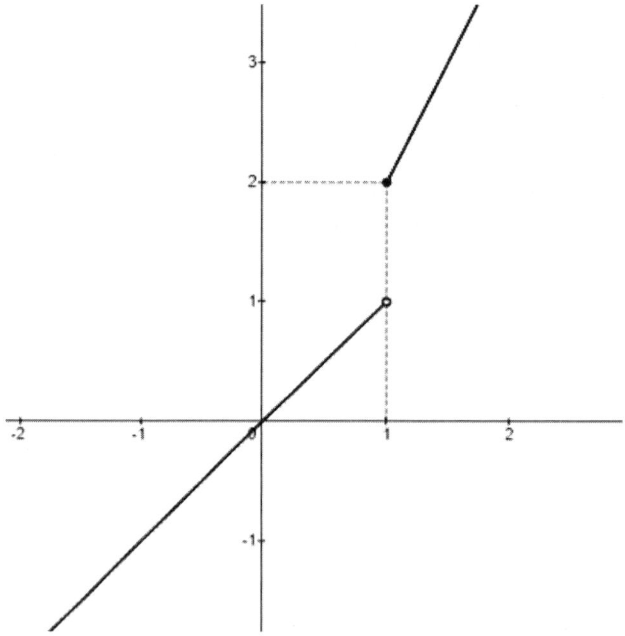

그림 3.1.1

풀이 $U = (1, 3)$이라 하자. 그러면 U는 공역 $(\mathbb{R}, \mathcal{T}_u)$의 열린집합이다. 그러나 $f^{-1}(U) = [1, 1.5)$이므로 $f^{-1}(U)$는 정의역 $(\mathbb{R}, \mathcal{T}_u)$의 열린집합이 아니다. 따라서 f는 연속이 아니다.

특히, $f(1) = 2 \in U$이다. V가 정의역에서 1의 임의의 열린 근방이라 하자. 그러면 $1 \in (a, b) \subseteq V$을 만족하는 기저의 원소인 열린구간 (a, b)가 존재한다. 일반성을 잃지 않고 $0 < a < 1$이라 가정할 수 있다. $a < c < 1$인 $c \in \mathbb{R}$에 대하여 $f(c) < 1$이므로 $f(c) \in f(V)$이고 $f(c) \notin U$이다. 따라서 $f(V) \not\subseteq U$이다. 그러므로, f는 $p = 1$에서 연속이 아니다.

사실, $p \neq 1$인 모든 점 p에서 f는 연속이다(연습문제). □

정리 3.1.6. $(X, \mathcal{T})$와 $(Y, \mathcal{U})$가 위상공간이고, $\mathcal{B}$가 $\mathcal{U}$에 대한 기저라 하자. 함수 $f : X \to Y$에 대하여 다음은 동치이다:

(a) f는 연속이다.

(b) 임의의 $B \in \mathcal{B}$에 대하여, $f^{-1}(B) \in \mathcal{T}$이다.

증명 (a) $\Rightarrow$ (b) f가 연속이고, $B \in \mathcal{B}$라 하자. 그러면 $B \in \mathcal{U}$이므로 정리 3.1.3에 의하여 $f^{-1}(B) \in \mathcal{T}$이다.

(b) $\Rightarrow$ (a) $U \in \mathcal{U}$라 하자. $U = \varnothing$이면, $f^{-1}(U) = \varnothing \in \mathcal{T}$이다. $U \neq \varnothing$이라 하자. $\mathcal{B}$는 $\mathcal{U}$에 대한 기저이므로, 각 $p \in U$에 대하여 $p \in B_p \subseteq U$인 $B_p \in \mathcal{B}$가 존재한다. 가정 (b)에 의하여 $f^{-1}(B_p) \in \mathcal{T}$이고, $f^{-1}(B_p) \subseteq f^{-1}(U)$이다. 따라서

$$f^{-1}(U) = \bigcup_{p \in U} f^{-1}(B_p) \in \mathcal{T}$$

이다. 그러므로 f는 연속이다. □

이제 몇 가지 특별한 경우, 함수의 연속성에 대하여 알아보자.

정리 3.1.7. $(X, \mathcal{T})$와 $(Y, \mathcal{U})$가 위상공간이라 하자.

(a) $f : X \to Y$가 상수함수이면, f는 연속이다.

(b) $f : X \to X$가 항등함수이면, f는 연속이다.

증명 (a) 모든 $x \in X$에 대하여 $f(x) = c$, $c \in Y$라 하자. 그리고 $U \in \mathcal{U}$라 하자. $c \in U$이면, $f^{-1}(U) = X \in \mathcal{T}$이다. $c \notin U$이면, $f^{-1}(c) = \varnothing \in \mathcal{T}$이다. 그러므로 f는 연속이다.

(b) 각 $x \in X$에 대하여 $f(x) = x$라 하자. 그리고 $U \in \mathcal{T}$라 하자. 그러면 $f^{-1}(U) = U \in \mathcal{T}$이다. 그러므로 f는 연속이다. □

정리 3.1.8. $(X, \mathcal{T})$와 $(Y, \mathcal{U})$가 위상공간이고 $f : X \to Y$라 하자.

(a) $(X, \mathcal{T})$가 이산공간이면, f는 연속이다.

(b) $(Y, \mathcal{U})$가 비이산공간이면, f는 연속이다.

증명 (a) $U \in \mathcal{U}$라 하자. $f^{-1}(U) \in \mathcal{P}(X) = \mathcal{T}$이므로, f는 연속이다.

(b) $\mathcal{U} = \{Y, \varnothing\}$이고 $f^{-1}(Y) = X \in \mathcal{T}$, $f^{-1}(\varnothing) = \varnothing \in \mathcal{T}$이므로, f는 연속이다. □

정리 3.1.9. $(X, \mathcal{T})$와 $(Y, \mathcal{U})$가 위상공간이고 $A \subseteq X$라 하자.
함수 $f : (X, \mathcal{T}) \to (Y, \mathcal{U})$가 연속이면, 제한함수 $f|_A : (A, \mathcal{T}_A) \to (Y, \mathcal{U})$도 연속이다.

증명 $U \in \mathcal{U}$라 하자. 그러면 $(f|_A)^{-1}(U) = f^{-1}(U) \cap A$이다. f가 연속이므로 $f^{-1}(U) \in \mathcal{T}$이다. 따라서 $(f|_A)^{-1}(U) \in \mathcal{T}_A$이다. 그러므로 $f|_A$는 연속이다. □

마지막으로 거리공간에서의 함수의 연속성에 대한 몇 가지 성질을 살펴보고 이 절을 마무리하겠다.

정리 3.1.10. (X, d)와 (Y, e)가 거리공간이고, $f : X \to Y$라 하자. 그러면 다음은 동치이다:

(a) $f : (X, \mathcal{T}_d) \to (Y, \mathcal{T}_e)$는 점 $p \in X$에서 연속이다.

(b) 임의의 $\varepsilon > 0$에 대하여

$$d(x, p) < \delta \quad \Rightarrow \quad e(f(x), f(p)) < \varepsilon$$

을 만족하는 $\delta > 0$가 존재한다.

단, $\mathcal{T}_d$와 $\mathcal{T}_e$는 각각 d와 e에 의해 유도된 위상이다.

증명 (a) ⇒ (b) 임의의 $\varepsilon > 0$에 대하여 $B_e(f(p), \varepsilon)$는 $(Y, \mathcal{T}_e)$에서 $f(p)$의 열린 근방이다. f가 연속이므로, $f^{-1}(B_e(f(p), \varepsilon))$는 $(X, \mathcal{T}_d)$에서 p의 열린 근방이다. 따라서

$$(*) \qquad f(B_d(p, \delta)) \subseteq B_e(f(p), \varepsilon)$$

을 만족하는 $\mathcal{T}_d$에 대한 기저의 원소 $B_d(p, \delta)$ $(\delta > 0)$가 존재한다. 만약 $d(x, p) < \delta$이면

$x \in B_d(p, \delta)$이므로, $(*)$에 의해 $f(x) \in B_e(f(p), \varepsilon)$ 즉, $e(f(x), f(p)) < \varepsilon$이다. 그러므로 (b)가 성립한다.

(b) $\Rightarrow$ (a) U가 $(Y, \mathcal{T}_e)$에서 점 $f(p)$의 임의의 열린 근방이라 하자. 그러면

$$f(p) \in B_e(f(p), \varepsilon) \subseteq U$$

를 만족하는 $(Y, \mathcal{T}_e)$에 대한 기저의 원소 $B_e(f(p), \varepsilon)$가 존재한다. 그리고 가정 (b)에 의하여,

$$(**) \qquad d(x, p) < \delta \quad \Rightarrow \quad e(f(x), f(p)) < \varepsilon$$

을 만족하는 $\delta > 0$가 존재한다. $V = B_d(p, \delta)$로 놓자. 그러면 V는 p의 열린 근방이고 $(**)$에 의해

$$f(V) \subseteq B_e(f(p), \varepsilon) \subseteq U$$

이다. 그러므로 f는 점 p에서 연속이다. □

연습문제 3.1

1. $f : X \to Y$이고 $U \subseteq Y$라 하자. 다음이 성립함을 증명하시오:

$$f(X - f^{-1}(Y - U)) \subseteq U.$$

2. 보기 3.1.5의 함수 $f : \mathbb{R} \to \mathbb{R}$가 $p \neq 1$인 모든 점 p에서 연속임을 증명하시오.

3. X가 공집합이 아닌 집합, $(Y, \mathcal{U})$가 위상공간이라 하자. 함수 $f : X \to (Y, \mathcal{U})$에 대하여 X의 부분집합들의 집합족

$$\mathcal{T} = \{f^{-1}(U) \mid U \in \mathcal{U}\}$$

를 생각하자. 그러면 $\mathcal{T}$는 f가 연속이 되게 하는 X 위의 가장 작은 위상임을 증명하시오.

4. $(X, \mathcal{T})$가 위상공간, Y가 공집합이 아닌 집합이라 하자. 함수 $f : (X, \mathcal{T}) \to Y$에 대하여 Y의 부분집합들의 집합족

$$\mathcal{U} = \{U \subseteq Y \mid f^{-1}(U) \in \mathcal{T}\}$$

를 생각하자. 그러면 $\mathcal{U}$는 f가 연속이 되게 하는 Y 위의 가장 큰 위상임을 증명하시오.

5. $(X, \mathcal{T})$와 $(Y, \mathcal{U})$가 위상공간이고, $f : X \to Y$라 하자. 다음이 동치임을 증명하시오:

   (a) f는 연속이다.

   (b) X의 임의의 부분집합 A에 대하여, $f(\overline{A}) \subseteq \overline{f(A)}$이다.

   (c) Y의 임의의 부분집합 B에 대하여, $\overline{f^{-1}(B)} \subseteq f^{-1}(\overline{B})$이다.

6. $(X, \mathcal{T})$와 $(Y, \mathcal{U})$가 위상공간이고, $\mathcal{S}$가 $\mathcal{U}$에 대한 부분기저라 하자. 함수 $f : X \to Y$에 대하여 다음이 동치임을 증명하시오:

   (a) f는 연속이다.

   (b) 임의의 $S \in \mathcal{S}$에 대하여, $f^{-1}(S) \in \mathcal{T}$이다.

7. $(X, \mathcal{T})$와 $(Y, \mathcal{U})$가 위상공간이고, $\mathcal{S}$가 $\mathcal{U}$에 대한 부분기저라 하자. 함수 $f : X \to Y$에 대하여 다음이 동치임을 증명하시오:

   (a) f는 연속이다.

   (b) Y의 임의의 부분집합 B에 대하여, $f^{-1}(int(B)) \subseteq int(f^{-1}(B))$이다.

8. $(X, \mathcal{T})$와 $(Y, \mathcal{U})$가 위상공간이라 하자. 함수 $f : X \to Y$에 대하여 다음이 동치임을 증명하시오:

   (a) f는 연속이다.

   (b) X의 임의의 부분집합 A에 대하여 $p \in A^d$이면, $f(p) \in \overline{f(A)}$이다.

9. $(X, \mathcal{T})$와 $(Y, \mathcal{U})$가 위상공간이고, $f : X \to Y$가 연속함수라 하자. (a_n)이 $(X, \mathcal{T})$에서 p에 수렴하는 수열이면, 수열 $(f(a_n))$은 $(Y, \mathcal{U})$에서 $f(p)$에 수렴함을 증명하시오.

10. $(\mathbb{R}, \mathcal{T}_u)$가 유클리드 공간이고, 연속함수 $f : \mathbb{R} \to \mathbb{R}$가

$$\text{모든 } x \in \mathbb{Q}\text{에 대하여 } f(x) = 0$$

을 만족한다고 하자. f가 상수함수임을 증명하시오.

11. $(X, \mathcal{T})$가 위상공간이라 하자. 임의의 서로 다른 두 점 $x, y \in X$에 대하여

$$x \in U, \quad y \notin U, \quad y \in V, \quad x \notin V$$

을 만족하는 열린집합 $U, V \in \mathcal{T}$가 존재할 때, $(X, \mathcal{T})$는 **T_1-공간(T_1-space)**이라 한다. 위상공간 $(X, \mathcal{T})$로부터 T_1-공간 $(Y, \mathcal{U})$으로의 모든 함수가 연속일 때, $(X, \mathcal{T})$가 이산공간임을 증명하시오. 단, $|Y| \geq 2$이다.

12. $X = Y = \mathbb{R}$, X 위의 위상을 $\mathcal{T}$, Y 위의 위상을 $\mathcal{U}$라 하자. $f : (X, \mathcal{T}) \to (Y, \mathcal{U})$가

$$f(x) = \begin{cases} 2x, & x \geq 1 \\ x, & x < 1 \end{cases}$$

일 때, 다음 각 경우에 대하여 f가 연속인지 아닌지 결정하고 그 이유를 설명하시오.

(a) $\mathcal{T}$와 $\mathcal{U}$가 모두 하극한위상

(b) $\mathcal{T}$는 유클리드위상, $\mathcal{U}$는 하극한위상

(c) $\mathcal{T}$는 하극한위상, $\mathcal{U}$는 유클리드위상

13. $\mathcal{T}_f$가 무한집합 X 위의 여유한위상이고 $(Y, \mathcal{U})$가 T_2-공간이라 하자. 함수 $f : (X, \mathcal{T}_f) \to (Y, \mathcal{U})$가 연속이면, f가 상수함수임을 증명하시오.

14. X 위의 두 위상 $\mathcal{T}$와 $\mathcal{U}$에 대하여 $\mathcal{U} \subseteq \mathcal{T}$라 하자. 모든 항등함수 $f : (X, \mathcal{T}) \to (Y, \mathcal{U})$가 연속임을 증명하시오. [참고. $\mathcal{U} \subseteq \mathcal{T}$일 때, **$\mathcal{U}$는 $\mathcal{T}$보다 거칠다($\mathcal{U}$ is coarser than $\mathcal{T}$)**라 하고, **$\mathcal{T}$는 $\mathcal{U}$보다 섬세하다($\mathcal{T}$ is finer than $\mathcal{U}$)**라 한다.]

15. $(X, \mathcal{T})$가 위상공간, $(\mathbb{R}, \mathcal{T}_u)$가 유클리드 공간이라 하자. $f : X \to \mathbb{R}$가 연속함수일 때,

$$\{p \in \mathbb{X} \mid f(p) = 0\}$$

가 X의 닫힌 부분집합임을 증명하시오.

16. $(\mathbb{R}, \mathcal{T}_u)$가 유클리드 공간이고, $f : \mathbb{R} \to \mathbb{R}$가 연속함수라 하자.

$$\{p \in R \mid f(p) = p\}$$

가 $\mathbb{R}$의 닫힌 부분집합임을 증명하시오. [참고. $f(p) = p$일 때, 점 p를 f의 **고정점(fixed point)**이라 한다.]

17. $(X, \mathcal{T})$가 가분공간, $(Y, \mathcal{U})$가 위상공간이라 하자. $f : X \to Y$가 연속이고 전사일 때, $(Y, \mathcal{U})$가 가분임을 증명하시오. 즉, 가분공간의 연속인 상은 가분공간이다.

18. $(X, \mathcal{T})$가 위상공간, $(Y, \mathcal{U})$가 T_2-공간, A가 X의 공집합이 아닌 부분집합이라 하자. $f : X \to Y$와 $g : X \to Y$가 모든 $p \in A$에 대하여 $f(p) = g(p)$인 연속함수일 때, 모든 $x \in \overline{A}$에 대하여 $f(x) = g(x)$임을 증명하시오.

19. $(X, \mathcal{T})$가 위상공간, $(Y, \mathcal{U})$가 T_2-공간이라 하자. $f : X \to Y$와 $g : X \to Y$가 연속함수일 때, 집합

$$A = \{x \in X \mid f(x) = g(x)\}$$

가 닫힌집합임을 증명하시오. [참고. 연습문제 3.1.15과 어떤 차이가 있는지 비교해보시오.]

20. (X, d)와 (Y, e)가 거리공간이라 하자. 전단사 $f : X \to Y$가 모든 $x, y \in X$에 대하여

$$d(x, y) = e(f(x), f(y))$$

을 만족할 때, f를 **등거리함수(등거리사상, isometry)**라 한다.

$f : (X, d) \to (Y, e)$가 등거리함수일 때, f와 f^{-1} 모두 연속함수임을 증명하시오.

3.2 위상동형함수

이 절에서는 두 위상공간의 구조를 비교할 수 있는 방법에 대하여 알아보겠다. 직관적으로 말하면 두 위상공간의 열린집합의 구조가 같을 때, 두 공간은 위상적으로 동형이라고 할 수 있다. 이것의 엄밀한 정의는 다음과 같다.

정의 3.2.1. 두 위상공간 $(X, \mathcal{T})$와 $(Y, \mathcal{U})$ 사이에 다음 조건을 만족하는 함수 $h : X \to Y$가 존재할 때, h를 **위상동형함수(위상동형사상, homeomorphism)**이라 한다.

(a) h는 전단사이다.

(b) h는 연속이다.

(c) h^{-1}는 연속이다.

그리고 이때, 두 위상공간 $(X, \mathcal{T})$와 $(Y, \mathcal{U})$는 **위상동형이다**(**$(X, \mathcal{T})$ is homeomorphic to $(Y, \mathcal{U})$**)라 하고, $(X, \mathcal{T}) \cong (Y, \mathcal{U})$으로 나타낸다. 또는 간단히, $X \cong Y$로 나타내기도 한다.

이 장의 도입 부분에서 보았던 예의 위상동형함수를 찾아보자.

보기 3.2.2. 두 집합 $X = \{1, 2, 3\}$와 $Y = \{a, b, c\}$ 위에 위상 $\mathcal{T}_X$와 $\mathcal{T}_Y$가 다음과 같이 주어져 있다고 하자.

$$\mathcal{T}_X = \{X, \varnothing, \{1\}, \{1, 2\}, \{1, 3\}\}$$

$$\mathcal{T}_Y = \{Y, \varnothing, \{a\}, \{a, b\}, \{a, c\}\}$$

풀이 $h : X \to Y$를 다음과 같이 정의하자:

$$h(1) = a, \quad h(2) = c, \quad h(3) = b.$$

그러면 h는 분명히 전단사이고, 역함수 $h^{-1} : Y \to X$는 다음과 같다:

$$h^{-1}(a) = 1, \quad h^{-1}(b) = 3, \quad h^{-1}(c) = 2.$$

그리고 $h^{-1}(Y) = X$, $h^{-1}(\varnothing) = \varnothing$, $h^{-1}(\{a\}) = \{1\}$, $h^{-1}(\{a, b\}) = \{1, 3\}$, $h^{-1}(\{a, c\}) =$

$\{1,2\}$는 모두 X의 열린집합이므로 h는 연속이다. 비슷하게 h^{-1}도 연속임을 알 수 있다. 그러므로 h는 X와 Y 사이의 위상동형함수이다. □

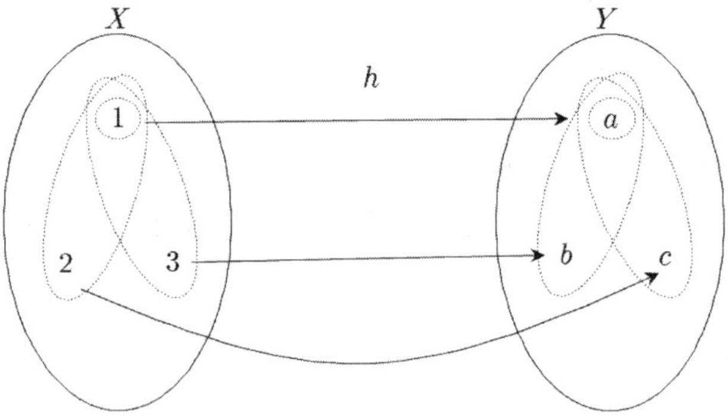

그림 3.2.1

주목 3.2.3. 보기 3.2.2의 위상공간 X와 Y에 대하여, 함수 $g : X \to Y$를 다음과 같이 정의하자:

$$g(1) = a, \quad g(2) = b, \quad g(3) = c.$$

그러면 g도 위상동형함수임을 알 수 있다. 따라서 위상동형인 두 공간 사이에 위상동형함수는 유일하지 않을 수 있다는 것에 유의하자.

정의 3.2.4. $(X, \mathcal{T})$와 $(Y, \mathcal{U})$가 위상공간이고, $f : X \to Y$라 하자.

(a) X의 임의의 열린집합 U에 대하여 $f(U)$가 Y의 열린집합일 때, f를 **열린함수(open function)** 또는 **열린사상(open map)**이라 한다.

(b) X의 임의의 닫힌집합 C에 대하여 $f(C)$가 Y의 열린집합일 때, f를 **닫힌함수(closed function)** 또는 **닫힌사상(closed map)**이라 한다.

정리 3.2.5. $(X, \mathcal{T})$와 $(Y, \mathcal{U})$가 위상공간이고, $f : X \to Y$가 전단사라 하자. 그러면 다음은 동치이다:

(a) f^{-1}는 연속이다.

(b) f는 열린함수이다.

(c) f는 닫힌함수이다.

증명 (a) ⇒ (b) $f^{-1} : Y \to X$가 연속이라 가정하고, $U \in \mathcal{T}$라 하자. 그러면 $(f^{-1})^{-1}(U) \in \mathcal{U}$이고 $f = (f^{-1})^{-1}$이므로, $f(U) \in \mathcal{U}$이다. 그러므로 f는 열린함수이다.

(b) ⇒ (c) $f : X \to Y$가 열린함수라 가정하고, C가 X의 닫힌 부분집합이라 하자. 그러면 $X - C \in \mathcal{T}$이므로, 가정 (b)에 의해 $f(X - C) \in \mathcal{U}$이다. 또한 f는 전단사이므로, $Y - f(C) = f(X) - f(C) = f(X - C) \in \mathcal{U}$이다. 따라서 $f(C)$는 Y의 닫힌 부분집합이다. 그러므로 f는 닫힌함수이다.

(c) ⇒ (a) $f : X \to Y$가 닫힌함수라 가정하고, C가 X의 닫힌 부분집합이라 하자. 그러면 가정에 의해, $f(C)$는 Y의 닫힌 부분집합이다. $(f^{-1})^{-1}(C) = f(C)$이므로, $(f^{-1})^{-1}(C)$는 Y의 닫힌 부분집합이다. 그러므로 f^{-1}는 연속이다. □

주목 3.2.6. (a) 정의 3.2.1의 조건 (c)를 정리 3.2.5의 것으로 바꿀 수 있다. 즉, 역함수 h^{-1}가 연속임을 증명하고자 할 때, 역함수를 구하는 번거로움을 피하고 h가 열린함수 혹은 닫힌함수임을 증명하는 것으로 충분하다.

(b) 일반적으로 $(X, \mathcal{T}) \cong (Y, \mathcal{T})$이기 위해서는 최소한 $|X| = |Y|$이고 $|\mathcal{T}| = |\mathcal{U}|$이어야 한다. 이 둘 중 어느 하나라도 만족하지 않는다면 $(X, \mathcal{T}) \ncong (Y, \mathcal{T})$이다. 예를 들어, $|\mathbb{R}| \neq |\mathbb{Q}|$이기 때문에, 유클리드 공간 $\mathbb{R}$과 그 부분공간 $\mathbb{Q}$는 위상동형이 아니다. 또한 무한집합 X 위의 이산위상 $\mathcal{D}$와 비이산위상 $\mathcal{T} = \{X, \varnothing\}$에 대하여, $(X, \mathcal{D}) \ncong (X, \mathcal{T})$이다. 왜냐하면 $\mathcal{D}$는 무한이고 $\mathcal{T}$는 유한이기 때문이다.

정리 3.2.7. 관계 $\cong$는 동치관계이다.

증명 $\cong$가 반사적, 대칭적, 추이적 관계임을 증명해야 한다.

(a) 임의의 위상공간 $(X, \mathcal{T})$에 대하여, $h : (X, \mathcal{T}) \to (X, \mathcal{T})$를 다음과 같이 정의하자: 모든 $x \in X$에 대하여 $h(x) = x$. 그러면 분명히 h는 전단사이다. 그리고 임의의 $U \in \mathcal{T}$에 대하여 $h^{-1}(U) = U$이고 $h(U) = U$이므로 h와 h^{-1}는 연속이다. 즉, h는 위상동형함수이다. 따라서 $\cong$는 반사적이다.

(b) $(X, \mathcal{T}) \cong (Y, \mathcal{U})$라 하자. 그러면 위상동형함수 $h : (X, \mathcal{T}) \to (Y, \mathcal{U})$가 존재하고, $h^{-1} : (Y, \mathcal{U}) \to (X, \mathcal{T})$ 역시 위상동형함수이므로 $(Y, \mathcal{U}) \cong (X, \mathcal{T})$이다. 따라서 $\cong$는 대칭적이다.

(c) $(X, \mathcal{T}) \cong (Y, \mathcal{U})$이고 $(Y, \mathcal{U}) \cong (Z, \mathcal{V})$라 하자. 그러면 두 위상동형함수 $f : (X, \mathcal{T}) \to (Y, \mathcal{U})$와 $g : (Y, \mathcal{U}) \to (Z, \mathcal{V})$가 존재한다. $h = g \circ f : (X, \mathcal{T}) \to (Z, \mathcal{V})$라 하자. 그러면 h 역시 위상동형함수임을 어렵지 않게 증명할 수 있다. 따라서 $\cong$는 추이적이다.

그러므로 $\cong$는 동치관계이다. □

보기 3.2.8. $X = (-1, 1)$와 $Y = (1, 5)$가 유클리드 공간 $\mathbb{R}$의 부분공간이라 하자. 그러면 $X \cong Y$이다.

풀이 함수 $h : X \to Y$를 다음과 같이 정의하자: 모든 $x \in X$에 대하여

$$h(x) = 2x + 3.$$

그러면 h는 분명히 전단사이다.

(a) h가 연속임을 보이기 위해, U가 Y의 기저의 원소이고 $U \neq \varnothing$이라 하자. 그러면 $U = (a, b)$, $1 \leq a < b \leq 5$이므로, $h^{-1}(U) = (\frac{a-3}{2}, \frac{b-3}{2})$는 X의 열린집합이다. 따라서 h는 연속이다.

(b) h가 열린함수임을 보이기 위해, V가 X의 기저의 원소이고 $V \neq \varnothing$이라 하자. 그러면 (a)와 비슷하게 $h(V)$가 Y의 열린집합임을 증명할 수 있다. 따라서 h는 열린함수이다.

그러므로 h는 X와 Y 사이의 위상동형함수이다. □

보기 3.2.9. 집합족 $\mathcal{B} = \{(a, b] \mid a < b\}$는 $\mathbb{R}$ 위의 한 위상 $\mathcal{T}$를 생성한다. 이때, $\mathcal{T}$를 **상극한위상(upper limit topology)**라 하고 $(\mathbb{R}, \mathcal{T})$를 **상극한 위상공간(upper limit topological space)**이라 한다. 상극한 위상공간 $(\mathbb{R}, \mathcal{T})$와 하극한 위상공간 $(\mathbb{R}, \mathcal{T}_l)$은 위상동형이다.

풀이 함수 $h : (\mathbb{R}, \mathcal{T}) \to (\mathbb{R}, \mathcal{T}_l)$를 다음과 같이 정의하자: 모든 $x \in \mathbb{R}$에 대하여

$$h(x) = -x.$$

그러면 h는 분명히 전단사이다.

(a) h가 연속임을 증명하기 위해, $(\mathbb{R}, \mathcal{T}_l)$의 기저의 원소 $U = [a, b)$를 생각하자. 그러면 $h^{-1}(U) = (-b, -a] \in \mathcal{B}$이므로 $h^{-1}(U)$는 $(\mathbb{R}, \mathcal{T})$의 열린집합이다. 따라서 h는 연속함수이다.

(b) h가 열린함수인 것도 비슷하게 증명할 수 있다.

그러므로 h는 위상동형함수이다. 그러므로 $(\mathbb{R}, \mathcal{T}) \cong (\mathbb{R}, \mathcal{T}_l)$이다. □

정의 3.2.10. P가 어떤 성질이라 하자. 성질 P를 만족하는 위상공간 X와 위상동형인 모든 위상공간 Y가 역시 성질 P를 만족할 때, P를 **위상적 성질(topological property)**이라 한다.

정리 3.2.11. 다음은 위상적 성질이다.

(a) 가분성

(b) 분리공리 T_1

(c) 분리공리 T_2

증명 (a) $h : (X, \mathcal{T}) \to (Y, \mathcal{U})$가 가분공간 $(X, \mathcal{T})$로부터 위상공간 $(Y, \mathcal{U})$로의 위상동형함수라 하자. $(Y, \mathcal{U})$가 가분공간임을 증명해야 한다. $(X, \mathcal{T})$가 가분공간이므로, 가산이면서 조밀한 X의 부분집합 A가 존재한다. $D = h(A)$이라 놓으면 D는 가산집합이다. 이제 $\overline{D} = Y$만 보이면 된다. $p \in Y$라 하자. h가 연속이므로, p의 임의의 열린 근방 U에 대하여 $h^{-1}(U) \in \mathcal{T}$이다. 그리고 $\overline{A} = X$이므로 $h^{-1}(U) \cap A \neq \varnothing$이다. 따라서

$$h(h^{-1}(U) \cap A) = U \cap h(A) = U \cap D \neq \varnothing$$

이다. 즉, $\overline{D} = Y$이므로 $(Y, \mathcal{U})$는 가분공간이다.

(b) (c)와 비슷하게 증명할 수 있으므로 연습문제로 남겨둔다.

(c) $h : (X, \mathcal{T}) \to (Y, \mathcal{U})$가 T_2-공간 $(X, \mathcal{T})$로부터 위상공간 $(Y, \mathcal{U})$로의 위상동형함수라 하자. $(Y, \mathcal{U})$가 T_2-공간임을 증명해야 한다.

$a, b \in Y$가 서로 다른 두 점이라 하자. h가 전단사이므로

$$h^{-1}(a) = x, \quad h^{-1}(b) = y$$

는 X의 서로 다른 두 점이다. 그리고 $(X, \mathcal{T})$가 T_2-공간이기 때문에,

$$x \in U, \quad y \in V, \quad U \cap V = \varnothing$$

인 $U, V \in \mathcal{U}$가 존재한다. h가 열린함수이기 때문에, $h(U), h(V) \in \mathcal{U}$이고

$$a = h(x) \in h(U), \quad b = h(y) \in h(V)$$

이다. 또한 h가 단사이므로, $h(U) \cap h(V) = h(U \cap V) = h(\varnothing) = \varnothing$이 성립한다. 그러므로 $(Y, \mathcal{U})$는 T_2-공간이다. □

주목 3.2.12. 위상적 성질 P를 만족하는 임의의 위상공간의 모든 부분공간 역시 P를 만족할 때, P는 **계승적(hereditary)**이라 한다. 보기 1.5.13에 의해 가분성은 계승적이지 않은 위상적 성질이다.

정리 3.2.13. 분리공리인 위상적 성질 T_1과 T_2는 계승적이다.

증명 T_2가 계승적인 것은 연습문제로 두고, T_1의 경우만 증명하겠다. $(A, \mathcal{T}_A)$가 T_1-공간 $(X, \mathcal{T})$의 부분공간이라 하자. $(A, \mathcal{T}_A)$가 T_1-공간임을 증명하기 위해, $x, y \in A$가 임의의 서로 다른 두 점이라 하자. 그러면 $x, y \in X$이므로,

$$x \in U, \quad y \notin U, \quad y \in V, \quad x \notin V$$

을 만족하는 $U, V \in \mathcal{T}$가 존재한다. 그러면 $G = U \cap A$, $H = V \cap A$는 부분공간 A의 열린집합이고

$$x \in G, \quad y \notin G, \quad y \in H, \quad x \notin H$$

이다. 그러므로 $(A, \mathcal{T}_A)$가 T_1-공간이다. □

연습문제 3.2

1. 다음은 유클리드 공간 $\mathbb{R}$의 부분공간이다. $\mathbb{R}$과 위상동형임을 증명하시오.

   (a) $A = (a, b),\ a, b \in \mathbb{R}$
   [힌트. $(a, b) \cong (-1, 1)$와 $(-1, 1) \cong \mathbb{R}$을 증명하고, 정리 3.2.7을 이용]

   (b) $B = (a, \infty),\ a \in \mathbb{R}$

   (c) $C = (-\infty, b),\ b \in \mathbb{R}$

2. 유클리드 공간 $\mathbb{R}$의 두 부분공간 $A = [0, 1)$와 $B = (-\infty, 2]$가 위상동형임을 증명하시오.

3. 유클리드 공간 $\mathbb{R}$의 두 부분공간 $A = [0, 1]$와 $B = [1, 2]$가 위상동형임을 증명하시오.

4. $X = \{0\} \cup \{\frac{1}{n} \mid n \in \mathbb{N}\}$라 하자. $(X, \mathcal{T})$가 유클리드 공간 $\mathbb{R}$의 부분공간이고 가산무한 집합 $A = \{a_n \mid n \in \mathbb{N}\} \cup \{p\}$ 위에

$$\mathcal{B} = \{\{a_n\} \mid n \in \mathbb{N}\} \cup \{B \subseteq A \mid p \in B\text{이고 } A - B\text{는 유한}\}$$

   를 기저로 갖는 위상을 $\mathcal{U}$라 하자. 이때, 모든 $n \in \mathbb{N}$에 대하여 $a_n \neq p$이다. $(X, \mathcal{T}) \cong (A, \mathcal{U})$임을 증명하시오.

5. $h : (X, \mathcal{T}) \to (Y, \mathcal{U})$가 T_1-공간 $(X, \mathcal{T})$로부터 위상공간 $(Y, \mathcal{U})$로의 위상동형함수라 하자. $(Y, \mathcal{U})$가 T_1-공간임을 증명하시오.

6. $(A, \mathcal{T}_A)$가 T_2-공간 $(X, \mathcal{T})$의 부분공간이라 하자. $(A, \mathcal{T}_A)$가 T_2-공간임을 증명하시오.

제 4 장

연결성

위상수학적 연결성은 컴퓨터 그래픽스, 네트워크 설계, 지리정보시스템 등에 응용되는 매우 중요한 수학적 개념이다. 연결성을 직관적으로 말하면, 두 대상이 이어져 있다는 것을 뜻하지만 그것의 체계적인 관찰을 위해서는 명확한 정의와 성질을 알아볼 필요가 있다. 이 장에서는 연결성, 길연결성, 국소연결성, 완전비연결성 등의 개념과 그 성질들에 대하여 살펴보겠다.

4.1 연결 공간

연결성은 두 위상공간이 위상동형이 아니라는 것을 규명할 때 자주 이용되는 위상적 성질이다. 이 절에서는 연결성의 개념과 관련 성질들을 살펴보고, 해석학에서 공부한 중간값 정리와 고정점 성질 등의 증명에 연결성이 어떻게 적용될 수 있는지 알아보겠다. 다음은 연결 공간과 비연결 공간의 정의로서 처음에는 다소 추상적일 수 있지만, 비연결 공간의 개념을 먼저 이해한다면 연결 공간의 개념도 자연스럽게 이해할 수 있을 것이라 여겨진다.

정의 4.1.1. $(X, \mathcal{T})$가 위상공간이라 하자. X가 서로소이면서 공집합이 아닌 두 열린집합의 합집합으로 표현될 수 없을 때, $(X, \mathcal{T})$를 **연결 공간(connected space)**이라 한다. 그리고 $(X, \mathcal{T})$가 연결 공간이 아닐 때, **비연결 공간(disconnected space)**이라 한다.

정의 4.1.2. A, B가 위상공간 $(X, \mathcal{T})$의 부분집합이라 하자.

$$\overline{A} \cap B = A \cap \overline{B} = \varnothing, \quad X = A \cup B$$

일 때, $\{A, B\}$를 X의 **분리(separation)**라 한다.

정리 4.1.3. 위상공간 $(X, \mathcal{T})$가 비연결 공간일 필요충분조건은 $\{U, V\}$가 X의 분리가 되는 공집합이 아닌 부분집합 U, V가 존재한다.

증명 ($\Rightarrow$) $(X, \mathcal{T})$가 비연결 공간이라 하자. 그러면

$$X = U \cup V, \quad U \cap V = \varnothing$$

을 만족하는 공집합이 아닌 $U, V \in \mathcal{T}$가 존재한다. $V = X - U$이기 때문에, U, V는 X의 닫힌집합이다. 따라서 $\overline{U} \cap V = U \cap V = \varnothing$이고 $U \cap \overline{V} = U \cap V = \varnothing$이다. 그러므로 $\{U, V\}$는 X의 분리이다.

($\Leftarrow$) $\{U, V\}$가 X의 분리이고 U, V가 공집합이 아니라 가정하자. 그러면

$$\overline{U} \cap V = U \cap \overline{V} = \varnothing, \quad X = U \cup V$$

이다. $X = U \cup V$이고 $\overline{U} \cap V = \varnothing$이기 때문에, $\overline{U} \subseteq U$이다. 따라서 U는 X의 닫힌집합이다. 비슷하게 V도 X의 닫힌집합이다. 또한 $V = X - U$에 의해, U와 V는 모두 열린집합이다. 그러므로 $(X, \mathcal{T})$는 비연결 공간이다. □

다음 따름정리는 주어진 위상공간이 연결인지를 규명할 때 자주 이용되는 성질이다.

따름정리 4.1.4. (a) $(X, \mathcal{T})$가 비연결 공간일 필요충분조건은 $\varnothing \neq U \neq X$인 X의 열린닫힌 부분집합 U가 존재한다.

(b) $(X, \mathcal{T})$가 연결 공간일 필요충분조건은 X의 열린닫힌 부분집합이 $\varnothing$와 X 뿐이다.

증명 실제로 정리 4.1.3의 U, V는 열린닫힌 부분집합이므로, 이 따름정리는 바로 얻어진다. □

보기 4.1.5. (a) $(X, \mathcal{D})$가 이산공간이고 $|X| \geq 2$이라 하자. 그러면 $(X, \mathcal{D})$는 비연결이다.

(b) $A = [0,1) \cup (2,3]$가 유클리드 공간 $\mathbb{R}$의 부분공간이라 하자. 그러면 A는 비연결이다.

풀이 (a) $(X, \mathcal{D})$가 이산공간이고 $x, y \in X$가 서로 다른 두 점이라 하자. $U = \{x\}$로 놓으면 U는 X의 열린닫힌 부분집합이다. 그리고 $x \in U$, $y \in X - U$이기 때문에 $\varnothing \neq U \neq X$이다. 그러므로 $(X, \mathcal{D})$는 비연결이다.

(b) $A = [0,1) \cup (2,3]$가 유클리드 공간 $\mathbb{R}$의 부분공간이고, $U = [0,1)$이라 하자. 그러면 $\varnothing \neq U \neq A$이다. 그리고 $U = (-1,1) \cap A = [0,1] \cap A$이므로, U는 부분공간 A의 열린닫힌 부분집합이다. 그러므로 부분공간 A는 비연결이다. □

보기 4.1.6. (a) $(X, \mathcal{T})$가 비이산공간이고 $X \neq \varnothing$이라 하자. 그러면 $(X, \mathcal{T})$는 연결이다.

(b) $\mathcal{T}_f$가 무한집합 X 위의 여유한위상이라 하자. 그러면 $(X, \mathcal{T}_f)$는 연결이다.

풀이 (a) $(X, \mathcal{T})$가 비이산공간이고 $X \neq \varnothing$이라 하자. $\mathcal{T} = \{\varnothing, X\}$이므로, $\varnothing \neq U \neq X$인 열린닫힌 부분집합은 존재하지 않는다. 그러므로 $(X, \mathcal{T})$는 연결이다.

(b) (모순법) $\mathcal{T}_f$가 무한집합 X 위의 여유한위상이라 하고, U가 $\varnothing \neq U \neq X$을 만족하는 열린닫힌 부분집합이라 하자. 그러면 U와 $X - U$는 $U \neq \varnothing$, $X - U \neq \varnothing$을 만족하는 X의 열린집합이다. 따라서 $X - U$와 U는 X의 유한 부분집합이 되어, $X = U \cup (X - U)$는 유한집합이다. 그러나 이것은 X가 무한집합이라는 가정에 모순이므로, $(X, \mathcal{T}_f)$는 연결이다. □

보기 4.1.7. 유클리드 공간 $\mathbb{R}$은 연결이다.

풀이 (모순법) 유클리드 공간 $\mathbb{R}$이 비연결이라 가정하면 $\varnothing \neq U \neq \mathbb{R}$인 열린닫힌 부분집합 U가 존재한다. $x \in U$, $y \in \mathbb{R} - U$, $x < y$이면, $G = U \cap [x, y]$라 놓자. G는 유계이므로 최소상계 l이 존재하고, G는 $\mathbb{R}$의 닫힌 부분집합이므로 $l \in G$이다. 또한 $G \cap (\mathbb{R} - U) = \varnothing$이기 때문에, $l \neq y$이다. 그리고 l은 G의 최소상계이므로, $(l, y] \subseteq \mathbb{R} - U$이다. 따라서

$$l \in [l, y] = \overline{(l, y]} \subseteq \overline{\mathbb{R} - U} = \mathbb{R} - U$$

이 되어, $l \in U \cap (\mathbb{R} - U)$이다. 이것은 모순이다. $y < x$인 경우도 비슷하게 모순을 얻을 수 있다. 그러므로 유클리드 공간 $\mathbb{R}$은 연결이다. □

주목 4.1.8. 보기 4.1.7에서 유클리드 공간 $\mathbb{R}$은 연결이고, 보기 4.1.5 (b)에서 부분공간 $A = [0,1) \cup (2,3]$는 비연결임을 알았다. 따라서 연결성은 계승적이지 않다.

정리 4.1.9. $(X,\mathcal{T})$가 연결 공간, $(Y,\mathcal{U})$가 위상공간, $f : X \to Y$가 연속이고 전사이면, $(Y,\mathcal{U})$는 연결 공간이다. 즉, 연결 공간의 연속인 상은 연결 공간이다.

증명 (대우법) $f : X \to Y$가 연속이고 전사, $(Y,\mathcal{U})$가 비연결 공간이라 가정하자. 그러면 따름정리 4.1.4에 의해 $\varnothing \neq U \neq Y$인 Y의 열린닫힌 부분집합 U가 존재한다. 그리고 f가 전사이므로, $f(x) \in U$, $f(y) \in Y - U$인 두 점 $x, y \in X$가 존재한다.

$V = f^{-1}(U)$라 하자. 그러면 f가 연속이므로 V는 X의 열린닫힌 부분집합이고 $x \in V$, $y \in f^{-1}(Y - U) = X - f^{-1}(U) = X - V$이다. 따라서 $\varnothing \neq V \neq X$이다. 그러므로 $(X,\mathcal{T})$는 비연결 공간이다. □

다음은 연결성이 위상적 성질임을 말해준다.

따름정리 4.1.10. $(X,\mathcal{T})$가 연결 공간, $(Y,\mathcal{U})$가 위상공간, $h : X \to Y$가 위상동형함수이면, $(Y,\mathcal{U})$는 연결 공간이다.

증명 위상동형함수 h는 연속이고 전사이므로, 정리 4.1.9에 의해 $(Y,\mathcal{U})$는 연결 공간이다. □

A가 $\mathbb{R}$의 부분집합이라 하자. 모든 $a, b \in A$ $(a < b)$에 대하여

$$a < c < b \quad \Rightarrow \quad c \in A$$

을 만족할 때, A를 $\mathbb{R}$의 **구간(interval)**이라 한다. 정의에 의하여, $\mathbb{R}$의 모든 단집합 $\{a\}$, $[a,b]$, $[a,b)$, $(a,b]$, (a,b), $(-\infty,a)$, $(-\infty,a]$, (a,∞), $[a,\infty)$, $\mathbb{R} = (-\infty,\infty)$들은 구간이다.

보조정리 4.1.11. 유클리드 공간 $\mathbb{R}$의 부분공간 A가 연결일 필요충분조건은 구간이다.

증명 ($\Rightarrow$) (대우법) A가 구간이 아니라 가정하자. 그러면 $a < c < b$을 만족하는 $a, b \in A$와 $c \notin A$가 존재한다. 따라서 $(-\infty,c) \cap A = (-\infty,c] \cap A (= U)$는 A의 열린닫힌 부분집합이다. 그리고 $a \in U$, $b \in A - U$이므로 $\varnothing \neq U \neq A$이다. 그러므로 부분공간 A는 비연결이다.

($\Leftarrow$) (모순법) 부분공간 A가 비연결이라 가정하자. 그러면 $\varnothing \neq U \neq A$인 A의 열린닫힌

부분집합 U가 존재한다. $a \in U$, $b \in A - U$라 하자. 일반성을 잃지 않고 $a < b$라 가정할 수 있다. $U \cap [a, b]$는 A의 닫힌 부분집합이고 위로 유계이므로, $U \cap [a, b]$의 최소상계를 l이라 하면, $l \in U \cap [a, b]$이다. 따라서 $l \leq b$이다. 그런데 $b \notin U$이므로, $l < b$이다.

이제 U가 A의 열린집합이고 $l \in U$임을 주목하자. 따라서 $l \in (c, d) \cap A \subseteq U$인 두 실수 $c, d \in \mathbb{R}$가 존재한다.

$l < p < \min\{b, d\}$인 p를 선택하면, $p \in U$이고 $p \in [l, b]$이다. 그러므로 $p \in U \cap [a, b]$이다. 그러나 $p > l$이고 l이 $U \cap [a, b]$의 최소상계라는 것에 모순이다. 그러므로 부분공간 A는 연결이다. □

정리 4.1.12 (중간값 정리(Intermediate Value Theorem)).
$(X, \mathfrak{T})$가 연결 공간, $\mathbb{R}$이 유클리드 공간, $f : X \to \mathbb{R}$가 연속함수일 때, $a, b \in X$가 $f(a) < f(b)$를 만족한다고 하자. 그러면

$f(a) < p < f(c)$인 모든 $p \in \mathbb{R}$에 대하여, $f(c) = p$인 $c \in X$가 존재한다.

증명 정리 4.1.9에 의해, $f(X)$는 $\mathbb{R}$의 연결인 부분공간이다. 그리고 보조정리 4.1.11에 의해 $f(X)$는 구간이다. 따라서 $p \in [f(a), f(b)] \subseteq f(X)$이므로, $f(c) = p$인 점 $c \in X$가 존재한다. □

정의 4.1.13. $(X, \mathfrak{T})$가 위상공간이라 하자. 모든 연속함수 $f : X \to X$에 대하여 $f(p) = p$인 점 $p \in X$가 존재할 때, $(X, \mathfrak{T})$는 **고정점 성질(fixed point property)**을 갖는다고 한다.

보기 4.1.14. 유클리드 공간 $\mathbb{R}$의 부분공간 $I = [0, 1]$는 고정점 성질을 갖는다.

풀이 임의의 연속함수 $f : I \to I$에 대하여, 함수 $g : I \to \mathbb{R}$를 다음과 같이 정의하자: 각 $x \in I$에 대하여

$$g(x) = x - f(x).$$

만약 $f(0) = 0$ 또는 $f(1) = 1$이면, f는 고정점을 가지므로, $f(0) > 0$, $f(1) < 1$이라 가정할 수 있다. 그러면 g는 연속이고 $g(0) = -f(0) < 0$, $g(1) = 1 - f(1) > 0$이다. 정리 4.1.12(중간값 정리)에 의해, $g(c) = 0$인 $c \in I$가 존재하여 $c - f(c) = 0$을 만족한다. 그러므로 I는 고정점 성질을 갖는다. □

정리 4.1.15. 두 위상공간 $(X, \mathcal{T})$와 $(Y, \mathcal{U})$가 위상동형이라 하자. $(X, \mathcal{T})$가 고정점 성질을 가지면, $(Y, \mathcal{U})$도 고정점 성질을 갖는다.

증명 연습문제. □

정리 4.1.16. 위상공간 $(X, \mathcal{T})$의 연결 부분공간들의 모임 $\mathcal{C} = \{C_i \mid i \in I\}$에 대하여, $A = \cup\mathcal{C}$라 하자. $\cap\mathcal{C} \neq \varnothing$이면, 부분공간 $(A, \mathcal{T}_A)$는 연결이다.

증명 (모순법) $(A, \mathcal{T}_A)$가 비연결이라 가정하면, $A = U \cup V$, $U \cap V = \varnothing$을 만족하는 공집합이 아닌 $U, V \in \mathcal{T}_A$가 존재한다. $i_0 \in I$라 하자. 그러면 연습문제 4.1.8에 의해, $C_{i_0} \subseteq U$ 또는 $C_{i_0} \subseteq V$이므로, 일반성을 잃지 않고 $C_{i_0} \subseteq U$라 가정할 수 있다. 그리고 모든 $i \in I$에 대하여 $C_i \cap C_{i_0} \neq \varnothing$이므로, $C_i \subseteq U$이다. 따라서 $A = \cup\mathcal{C} = \bigcup_{i \in I} C_i \subseteq U$가 되어, $V = \varnothing$이다. 이것은 $V \neq \varnothing$에 모순이다. 그러므로 $(A, \mathcal{T}_A)$는 연결이다. □

따름정리 4.1.17. 위상공간 $(X, \mathcal{T})$의 임의의 두 점 x, y에 대하여, $x, y \in C$를 만족하는 연결 부분공간 $(C, \mathcal{T}_C)$가 존재한다고 하자. 그러면 $(X, \mathcal{T})$는 연결이다.

증명 한 점 $x \in X$를 고정하고, 임의의 $y \in X$에 대하여 x, y를 모두 포함하는 연결 부분공간을 C_y라 하자. 그러면 $X = \bigcup_{y \in X} C_y$이고 $x \in \bigcap_{y \in X} C_y \neq \varnothing$이다. 그러므로, 정리 4.1.16에 의해 $(X, \mathcal{T})$는 연결이다. [참고. 정리 4.1.16에서 $A = X$인 경우로 생각하면 된다.] □

따름정리 4.1.18. 위상공간 $(X, \mathcal{T})$의 연결 부분공간들의 모임 $\mathcal{C} = \{C_n \mid n \in \mathbb{N}\}$에 대하여, $A = \cup\mathcal{C}$라 하자. 각 $n \in \mathbb{N}$에 대하여 $C_n \cap C_{n+1} \neq \varnothing$이면, 부분공간 $(A, \mathcal{T}_A)$는 연결이다.

증명 각 $n \in \mathbb{N}$에 대하여, $B_n = \bigcup_{i=1}^{n} C_i$라 하자. 먼저 모든 $n \in \mathbb{N}$에 대하여 B_n이 연결임을 수학적 귀납법으로 증명하겠다. $B_1 = C_1$이므로, B_1은 연결이다. $n = k$일 때, B_k가 연결이라 가정하자. 그러면 $\varnothing \neq C_k \cap C_{k+1} \subseteq B_k \cap C_{k+1}$이므로, 정리 4.1.16에 의해 $B_{k+1} = B_k \cup C_{k+1}$은 연결이다. 따라서 모든 $n \in \mathbb{N}$에 대하여 B_n은 연결이다.

$\bigcap_{n \in \mathbb{N}} B_n = C_1 \neq \varnothing$이므로, 다시 정리 4.1.16에 의해 부분공간 $A = \cup\mathcal{C} = \bigcup_{n \in \mathbb{N}} B_n$는 연결이다. □

정의 4.1.19. 위상공간 $(X, \mathcal{T})$의 임의의 점 x에 대하여, x를 포함하는 X의 모든 연결 부분집합들의 합집합 즉,

$$C(x) = \cup\{A \subseteq X \mid x \in A, A\text{는 } X\text{의 연결 부분집합}\}$$

를 X에서 x의 **성분(component in X of x)**이라 한다. 또한 **연결성분(connected component)**이라고도 부른다.

정리 4.1.20. $(X, \mathcal{T})$가 위상공간이라 하자. 각 $x \in X$에 대하여 다음이 성립한다.

(a) $C(x)$는 연결집합이다.

(b) $C(x)$는 x를 포함하는 가장 큰 연결집합이다.

(c) $C(x)$는 위상공간 $(X, \mathcal{T})$의 닫힌 부분집합이다.

증명 (a) $\mathcal{C}$가 x를 포함하는 모든 연결집합들의 모임이라 하자. 그러면 $C(x) = \cup\mathcal{C}$이고 $x \in \cap\mathcal{C}$이므로, 정리 4.1.16에 의해 $C(x)$는 연결집합이다.

(b) A가 x를 포함하는 연결집합이라 하자. $C(x)$는 x를 포함하는 모든 연결집합들의 합집합이므로, $A \subseteq C(x)$이다. 그리고 (a)에 의해 $C(x)$는 연결집합이므로, $C(x)$는 x를 포함하는 가장 큰 연결집합이다.

(c) (a)에 의해 $C(x)$는 연결집합이다. 그리고 연습문제 4.1.9에 의해 $\overline{C(x)}$ 역시 연결집합이다. (b)에 의해 $C(x)$는 x를 포함하는 가장 큰 연결집합이므로, $\overline{C(x)} = C(x)$이다. 그러므로 $C(x)$는 닫힌집합이다. □

주목 4.1.21. 위상공간 $(X, \mathcal{T})$ 위의 관계 $\sim$가 다음과 같이 정의된다고 하자:

$$x \sim y \quad \Leftrightarrow \quad x, y\text{를 모두 포함하는 연결집합이 존재한다.}$$

그러면 $\sim$은 X 위의 동치관계이고, 대표원이 x인 동치류는 x의 성분 $C(x)$과 같다(연습문제). 이러한 이유로 성분 $C(x)$를 $[x]$ 또는 $\widetilde{x}$와 같이 나타내기도 한다.

다음 보기는 위상공간의 성분이 반드시 열린집합일 필요는 없다는 것을 말해준다.

보기 4.1.22. $I = [0.1]$이고 $A = \{0\} \cup \{\frac{1}{n} \mid n \in \mathbb{N}\}$라 하고, $X = A \times I$가 유클리드 공간 $\mathbb{R}^2$의 부분공간이라 하자. 그러면 다음이 성립한다.

(a) 각 $n \in \mathbb{N}$에 대하여 $\{\frac{1}{n}\} \times I$는 X의 열린닫힌 부분집합이다.

(b) $\{0\} \times I$는 X의 닫힌집합이지만 열린집합이 아니다.

(c) 각 $p \in A$에 대하여 $\{p\} \times I$는 X의 성분이다.

그림 4.1.1

풀이 (a) $n \in \mathbb{N}$에 대하여 $I_n = \{\frac{1}{n}\} \times I$라 놓자.

$$I_n = \left[\left(\frac{1}{n+1}, \frac{2n+1}{n(n+1)}\right) \times (-1, 2)\right] \cap X$$

이고 $(\frac{1}{n+1}, \frac{2n+1}{n(n+1)}) \times (-1, 2)$은 $\mathbb{R}^2$의 열린 부분집합이므로, I_n은 X의 열린 부분집합이다. 이제 I_n이 X의 닫힌 부분집합임을 증명하기 위해서 $X - I_n$이 X의 열린 부분집합임을 보이자. $m, n \in \mathbb{N}$에 대하여 $m \neq n$이면 $I_m \cap I_n = \varnothing$이므로, 각 점 $p = \langle 0, x\rangle \in X - I_n$에 대하여 $U \cap I_n = \varnothing$을 만족하는 p의 열린 근방 U가 존재하는 것만 증명하면 된다.

$$U = \left[\left(-1, \frac{1}{n}\right) \times (x-1, x+1)\right] \cap X$$

가 우리가 원하는 p의 열린 근방이다. 그러므로 I_n은 X의 닫힌 부분집합이다.

(b) (a)에 의해 각 $n \in \mathbb{N}$에 대하여 I_n이 X의 열린 부분집합이고

$$\{0\} \times I = X - \bigcup_{n \in \mathbb{N}} I_n$$

이기 때문에, $\{0\} \times I$는 X의 닫힌 부분집합이다. 이제 $\{0\} \times I$가 X의 열린 부분집합이라 가정하자. 그러면

$$\langle 0, 0\rangle \in U \cap X \subseteq \{0\} \times I$$

을 만족하는 $\mathbb{R}^2$의 열린 부분집합 U가 존재한다. $\langle 0,0\rangle \in (a,b)\times(c,d) \in U$인 실수 a,b,c,d를 잡자. 그러면 $0 < \frac{1}{n_0} < b$인 $n_0 \in \mathbb{N}$에 대하여 $\langle \frac{1}{n_0}, 0\rangle \in U \cap X$이고 $\langle \frac{1}{n_0}, 0\rangle \notin \{0\}\times I$이다. 이것은 모순이므로 $\{0\}\times I$는 X의 열린 부분집합이 아니다.

(c) $p \in A$라 하자. $\mathbb{R}^2$의 부분공간 $\{p\}\times I$에 대한 기저의 원소는 다음 형태 중 하나이다: $0 \le s < t \le 1$에 대하여

$$(*) \qquad \{p\}\times[0,t), \quad \{p\}\times(s,1], \quad \{p\}\times(s,t).$$

함수 $h : I \to \{p\}\times I$를 다음과 같이 정의하자: 각 $x \in I$에 대하여

$$h(x) = \langle p, x\rangle.$$

그러면 $(*)$에 의하여 h는 분명히 위상동형함수이다. I가 연결 공간이기 때문에, 따름정리 4.1.10에 의해 $\{p\}\times I$는 연결집합이다. C가 어떤 $n \in \mathbb{N}$에 대하여 $I_n \subseteq C$를 만족하는 X의 연결집합이라 하자. (a)에 의해 I_n이 X의 열린닫힌 부분집합이기 때문에, 연습문제 4.1.8에 의해 $C = I_n$이다. 그러므로 I_n은 X의 성분이다. 이제 C가 $\{0\}\times I \subseteq C$를 만족하는 X의 연결집합이라 하자. 만약 어떤 $n \in \mathbb{N}$에 대하여 $C \cap I_n \neq \varnothing$이면, I_n이 열린닫힌 부분집합이므로 다시 연습문제 4.1.8에 의해 $C \subseteq I_n$ 또는 $C \subseteq X - I_n$이다. 그러나 이것은 모순이므로 $\{0\}\times I$는 X의 성분이다. □

연습문제 4.1

1. $\mathcal{T}_c$가 비가산집합 X 위의 여가산위상이라 하자. $(X, \mathcal{T}_c)$가 연결 공간임을 증명하시오.

2. $\mathcal{T}_l$이 $\mathbb{R}$ 위의 하극한위상이라 하자. $(\mathbb{R}, \mathcal{T}_l)$이 비연결 공간임을 증명하시오.

3. 정리 4.1.15를 증명하시오.

4. C가 T_1-공간 $(X, \mathcal{T})$의 연결 부분집합이고 $|C| \ge 2$이라 하자. 그러면 C가 X의 고립점을 포함하지 않음을 증명하시오.

5. 무한집합 A와 $p \notin A$에 대하여 $X = A \cup \{p\}$라 하자. X 위에 위상

$$\mathcal{T} = \{\varnothing\} \cup \{U \subseteq X \mid p \in U\}$$

가 주어져 있다고 하자. 그리고 $(Y, \mathcal{T}_Y)$가 $(X, \mathcal{T})$의 부분공간이라 하자. 다음을 증명하시오.

   (a) $(X, \mathcal{T})$는 연결이다.

   (b) $p \notin Y$이면, $(Y, \mathcal{T}_Y)$는 비연결이다.

   (c) $p \in Y$이면, $(Y, \mathcal{T}_Y)$는 연결이다.

6. 보조정리 4.1.11을 이용하지 않고, 유클리드 공간 $\mathbb{R}$의 부분공간 $[0, 1]$이 연결임을 직접 증명하시오. [힌트. 보기 4.1.7의 방법을 이용]

7. 유클리드 공간 $\mathbb{R}^2$의 부분공간 $S^1 = \{\langle x, y\rangle \in \mathbb{R}^2 \mid x^2 + y^2 = 1\}$이 연결임을 증명하시오. [힌트. $[0, 1]$이 연결임을 이용]

8. $\{U, V\}$가 위상공간 $(X, \mathcal{T})$의 분리이고 A가 X의 부분공간이라 하자. $A \subseteq U$ 또는 $A \subseteq V$임을 증명하시오. [힌트. U, V는 모두 X의 열린집합이다.]

9. $(A, \mathcal{T}_A)$가 위상공간 $(X, \mathcal{T})$의 연결 부분공간이라 하자. 그러면 부분공간 $\overline{A}$가 연결임을 증명하시오. 또한 X의 부분집합 B가 $A \subseteq B \subseteq \overline{A}$일 때, 부분공간 B가 연결임을 증명하시오. [힌트. 연습문제 4.1.8 이용]

10. $A = \{0\} \times [-1, 1]$이고 $B = \{\langle x, y\rangle \in \mathbb{R}^2 \mid y = \sin\left(\frac{\pi}{x}\right), 0 < x \le 1\}$이라 하자. 유클리드 공간 $\mathbb{R}^2$의 부분공간 $X = A \cup B$가 연결임을 증명하시오. 이 공간 X를 **위상수학자의 사인곡선(topologist's sine curve)**이라 부른다.

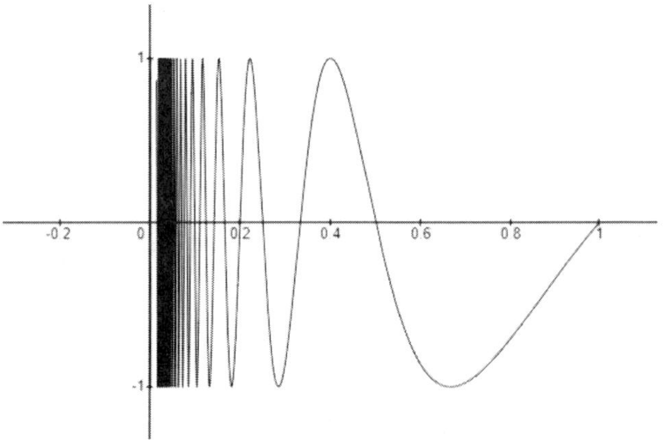

그림 4.1.2

11. 보기 4.1.22에 주어진 집합 X에 대하여 $\mathbf{C} = X \cup \{\langle x, 0\rangle \mid 0 \le x \le 1\}$이라 하자. 유클리드 공간 $\mathbb{R}^2$의 부분공간 $\mathbf{C}$가 연결임을 증명하시오. 이 공간 $\mathbf{C}$를 **빗공간(comb space)** 또는 **위상수학자의 빗(topologist's comb)**이라 부른다.

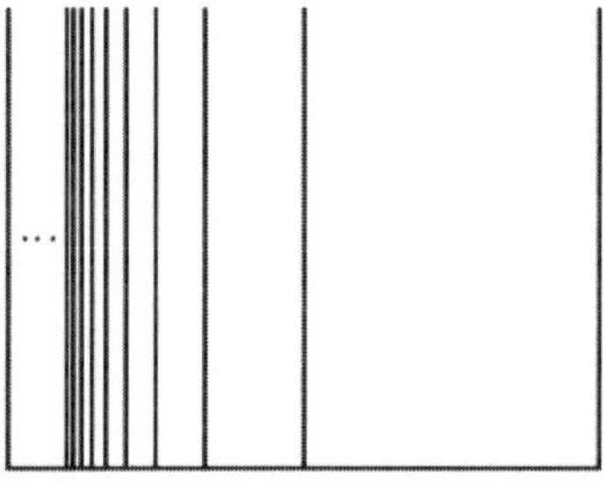

그림 4.1.3

12. 주목 4.1.21에서 소개된 위상공간 $(X, \mathfrak{T})$ 위의 관계 $\sim$가 동치관계임을 증명하고, 대표원이 x인 동치류 $[x]$가 성분 $C(x)$와 같음을 증명하시오.

13. 유클리드 공간 $\mathbb{R}^2$의 부분공간 $A = [0, 1] \cup [2, 3]$에서 성분을 모두 구하시오.

14. 하극한 위상공간 $(\mathbb{R}^2, \mathcal{T}_l)$은 비연결임을 증명하시오.

15. $h : (X, \mathcal{T}) \to (Y, \mathcal{U})$가 위상동형함수라 하자. 점 $p \in X$에 대하여, 두 부분공간 $X - \{p\}$와 $Y - \{h(p)\}$가 위상동형임을 증명하시오.

16. 연결 공간 $(X, \mathcal{T})$의 한 점 p에 대하여, 부분공간 $X - \{p\}$가 비연결일 때, p를 X의 **절단점(cut point)**이라 한다. 두 연결 공간 $(X, \mathcal{T})$와 $(Y, \mathcal{U})$ 사이의 위상동형함수 $h : X \to Y$에 대하여 $p \in X$가 X의 절단점이면, $h(p)$는 Y의 절단점임을 증명하시오.

17. 절단점을 이용하여 유클리드 공간 $\mathbb{R}$의 부분공간 $[0, 1]$, $(0, 1)$, $[0, 1)$이 서로 위상동형이 아님을 증명하시오.

18. 절단점을 이용하여 빗공간 $\mathbf{C}$와 유클리드 공간 $\mathbb{R}$이 위상동형이 아님을 증명하시오.

19. 절단점을 이용하여 유클리드 공간 $\mathbb{R}$의 부분공간 $S^1 = \{\langle x, y\rangle \in \mathbb{R}^2 \mid x^2 + y^2 = 1\}$이 $\mathbb{R}$과 위상동형이 아님을 증명하시오.

4.2 길연결과 국소연결

4.1절에서는 위상적 설질 중 하나인 연결 공간의 개념과 성질들에 대하여 살펴보았고, 그것을 이용하여 주어진 두 위상공간이 위상동형이 아님을 어떻게 설명할 수 있는지에 대하여 공부하였다. 이 절에서는 길연결성, 국소연결성, 완전비연결성 등에 대하여 알아보겠다.

정의 4.2.1. 유클리드 공간 $[0,1]$과 위상공간 $(X,\mathcal{T})$에 대하여 연속함수 $f:[0,1]\to\mathbb{R}$를 **길(경로, path)**이라 부르고, $f(0)$과 $f(1)$을 길 f의 **끝점(end point)**이라 한다. 또한, f를 **시작점(initial point)** $f(0)$과 **종점(terminal point)** $f(1)$을 잇는 길이라고도 말한다.

정의 4.2.2. 위상공간 $(X,\mathcal{T})$의 임의의 두 점 $a,b\in X$에 대하여, $f(0)=a$과 $f(1)=b$를 만족하는 길 $f:[0,1]\to I$가 존재할 때, $(X,\mathcal{T})$를 **길연결(경로연결, path-connected, pathwise connected)**이라 한다.

보기 4.2.3. 유클리드 공간 $\mathbb{R}$은 길연결이다.

풀이 임의의 두 점 $a,b\in\mathbb{R}$에 대하여, $f:[0,1]\to\mathbb{R}$가 $f(x)=(b-a)x+a$로 정의된다고 하자. 그러면 f는 $f(0)=a$와 $f(1)=b$를 잇는 길이다. 그러므로 $\mathbb{R}$은 길연결이다. 특히, $a=b$일 때, 길 f는 상수함수이다. □

정리 4.2.4. 모든 길연결 공간은 연결이다.

증명 (모순법) 길연결 공간 $(X,\mathcal{T})$가 비연결이라 가정하자. 그러면 $\varnothing\neq U\subsetneq X$인 열린닫힌 부분집합 U가 존재한다. $a\in U$, $b\in X-U$를 임의로 잡자. 그러면 $(X,\mathcal{T})$의 길연결성에 의해, a와 b를 잇는 길 $f:[0,1]\to X$가 존재한다. f는 연속이므로, $f^{-1}(U)$는 $[0,1]$의 열린닫힌 부분집합이다. 또한 $0\in f^{-1}(U)$, $1\in[0,1]-f^{-1}(U)$이므로, $\varnothing\neq f^{-1}(U)\subsetneq[0,1]$이다. 이것은 유클리드 공간 $[0,1]$이 연결이라는 사실에 모순이므로, $(X,\mathcal{T})$는 연결이다. □

다음은 정리 4.2.4의 역이 성립하지 않음을 말해준다.

보기 4.2.5. 위상수학자의 사인곡선 X는 연결이지만 길연결은 아니다.

풀이 먼저 $A = \{0\} \times [-1, 1]$이고 $B = \{\langle x, y\rangle \in \mathbb{R}^2 \mid y = \sin\left(\frac{\pi}{x}\right), 0 < x \leq 1\}$일 때, 유클리드 공간 $\mathbb{R}^2$의 부분공간 $X = A \cup B$가 위상수학자의 사인곡선임을 상기하자.

연습문제 4.1.10에서 위상수학자의 사인곡선 X가 연결임을 알았다.

(모순법) X가 길연결이라 가정하자. 그러면 두 점 $\langle 0, 0\rangle \in A$와 $\langle 1, 0\rangle \in B$를 잇는 길 $f : [0, 1] \to X$가 존재한다. 집합 $C = \{x \in [0, 1] \mid f([0, x]) \subseteq A\}$의 최소상계를 c라 하자. 그러면 $c \in \overline{C}$이다. 그리고 A는 X의 닫힌 부분집합이고 f는 연속이기 때문에,

$$f(c) \in f(\overline{C}) \subseteq \overline{f(C)} \subseteq \overline{A} = A$$

을 만족한다. $\mathbb{R}^2$의 유클리드 거리를 d라 하자. f는 c에서 연속이므로,

(∗) $|x - c| < \delta$인 모든 $x \in [0, 1]$에 대하여, $d(f(x), f(c)| < \frac{1}{2}$

이다. c는 집합 C의 최소상계이기 때문에, $c < r < c + \delta$와 $f(r) \in X - A = B$를 만족하는 $r \in [0, 1]$이 존재한다. 따라서 $f(c) \in A$, $f(r) \in B$이고 (∗)에 의해,

(∗∗) $f([c, r])$는 직경이 1보다 작은 X의 연결 부분집합이다.

이제 $f([c, r])$의 직경은 1보다 크다는 것을 보이겠다. $f(r) \in B$이므로, $f(r) = p$을 만족하는 점 $p = \langle x, y\rangle \in B$가 존재한다. 여기서 $0 < x \leq 1$, $-1 \leq y \leq 1$이다. 점 $q = \langle x', y'\rangle \in B$가 $x' < x$와 $q \notin f([c, r])$을 만족한다고 가정하면, $U = (-\infty, x') \times \mathbb{R}$과 $V = (x', \infty) \times \mathbb{R}$는 $\mathbb{R}^2$에서 서로소인 열린 부분집합이고

$$U \cap f([c, r]) \neq \varnothing, \quad V \cap f([c, r]) \neq \varnothing, \quad f([c, r]) \subseteq U \cup V$$

이다. 따라서 $f([c, r])$은 비연결이다. 이것은 연결 공간의 연속인 상이 연결이라는 사실에 모순이므로, $q = \langle x', y'\rangle \in B$이고 $x' < x$이면 $q \in f([c, r])$이어야 한다. 이제

$$x_1 < x, \quad x_2 < x, \quad \langle x_1, 1\rangle \in B, \quad \langle x_2, -1\rangle \in B$$

을 만족하는 x_1, x_2를 잡자. 그러면

$$\langle x_1, 1\rangle \in f([c, r]), \quad \langle x_2, -1\rangle \in f([c, r])$$

이고 $d(\langle x_1, 1\rangle, \langle x_2, -1\rangle) > 1$이기 때문에, $f([c, r])$의 직경은 1보다 크다.

이것은 (∗∗)에 모순이므로, X는 길연결이 아니다. □

정의 4.2.6. $(X, \mathcal{T})$가 위상공간이고 $p \in X$라 하자. p의 임의의 근방 U에 대하여 $V \subseteq U$인 p의 연결 근방 V가 존재할 때, $(X, \mathcal{T})$는 **점 p에서 국소연결(locally connected at a point p)**이라 한다. 그리고 모든 점에서 국소연결이면, 위상공간 $(X, \mathcal{T})$는 **국소연결(locally connected)**이라 한다.

보기 4.2.7. 빗공간 $\mathbf{C} = X \cup \{\langle x, 0\rangle \mid 0 \leq x \leq 1\}$는 길연결이지만 국소연결은 아니다. 여기서 $X = \left(\{0\} \cup \{\frac{1}{n} \mid n \in \mathbb{N}\}\right) \times [0, 1]$이다.

풀이 연습문제 4.1.11의 그림을 보자. $\mathbf{C}$의 임의의 두 점을 잇는 길을 쉽게 찾을 수 있고, 점 $p = \langle 0, \frac{1}{2}\rangle$에서는 연결 근방을 찾을 수 없다. 그러므로 $\mathbf{C}$는 길연결이지만 국소연결은 아니다. □

정리 4.2.8. 위상공간 $(X, \mathcal{T})$에 대하여 다음은 동치이다:

(a) X는 국소연결이다.

(b) 임의의 열린집합 U에 포함되는 성분 C는 X의 열린집합이다.

증명 (a) $\Rightarrow$ (b) X가 국소연결이라 가정하고 임의의 열린집합 U에 대하여 C가 U에 포함되는 성분이라 하자. 그러면 각 점 $p \in C$에 대하여 $V_p \subseteq U$를 만족하는 p의 연결 근방 V_p가 존재한다. 만약 $V_p \not\subseteq C$이면, C는 $V_p \cup C$의 진부분집합이다. 그리고 C와 V_p는 연결집합이고 $p \in C \cap V_p$이므로 $V_p \cup C$는 연결집합이다. 이것은 C가 성분이라는 가정에 모순이므로 $V_p \subseteq C$이다. 따라서 $\bigcup_{p \in C} V_p = C$가 되어, $C \in \mathcal{T}$이다.

(b) $\Rightarrow$ (a) 점 $p \in X$에 대하여 U가 p의 열린 근방이라 하자. 그러면 (b)에 의해 $p \in C \subseteq U$인 성분 C는 X의 열린집합이다. 그러므로 X는 국소연결이다. □

따름정리 4.2.9. 국소연결 공간의 모든 성분은 열린닫힌집합이다.

증명 C가 국소연결 공간 X의 성분이라 하자. 정리 4.2.8에 의해 C는 X의 열린집합이다. 그리고 모든 성분은 닫힌집합이므로 C는 X의 닫힌집합이다. □

연습문제 4.2

1. 빗공간 $\mathbf{C}$가 길연결임을 증명하시오.

2. 빗공간 $\mathbf{C}$에서 국소연결이 아닌 점을 모두 찾으시오.

3. 함수 f가 길연결 공간 $(X, \mathcal{T})$로부터 위상공간 $(Y, \mathcal{U})$로의 연속인 전사함수라 하자. $(Y, \mathcal{U})$가 길연결임을 증명하시오. 이것은 길연결성이 위상적 성질임을 의미한다.

4. $X = \{\langle x, y\rangle \in \mathbb{R}^2 \mid x^2 + y^2 = 1\} \cup \{\langle x, y\rangle \in \mathbb{R}^2 \mid (x-2)^2 + y^2 = 1\}$가 유클리드 공간 $\mathbb{R}^2$의 부분공간이라 하자. 길연결성을 이용하여 X와 $\mathbb{R}^2$가 위상동형이 아님을 증명하시오. [힌트. X에서 적당한 점을 빼 보시오.]

5. 유클리드 공간 $\mathbb{R}^2$의 부분집합 $A = \{\langle 0, \frac{1}{n}\rangle \in \mathbb{R}^2 \mid n \in \mathbb{N}\}$에 대하여, 부분공간 $\mathbb{R}^2 - A$가 길연결임을 증명하시오.

6. 위상공간 $(X, \mathcal{T})$의 공집합이 아닌 모든 연결 부분집합이 단집합일 때, $(X, \mathcal{T})$는 **완전비연결(전비연결, totally disconnected)**이라 한다. 다음을 증명하시오.

   (a) $(X, \mathcal{T})$가 완전비연결일 필요충분조건은 a를 포함하는 모든 성분이 $\{a\}$이다.

   (b) 완전비연결 공간의 모든 부분공간은 완전비연결이다.

   (c) 유클리드 공간 $\mathbb{Q}$는 완전비연결이다.

   (d) 유클리드 공간 $\mathbb{R}^2$의 모든 가산 부분공간은 완전비연결이다.

   (e) 하극한 위상공간 $(\mathbb{R}, \mathcal{T}_l)$은 완전비연결이다.

제 5 장

컴팩트성

컴팩트성은 유한집합을 위상적으로 일반화한 개념이면서 실수집합 $\mathbb{R}$의 주요 성질들을 추상화한 개념이다. 이것은 위상수학뿐만 아니라 기하학, 해석학 등 수학의 여러 분야에서 매우 중요한 역할을 하는 위상적 성질이다.

5.1 컴팩트 공간

정의 5.1.1. $\mathcal{U}$가 위상공간 $(X, \mathcal{T})$의 부분집합들의 모임이고 A가 X의 부분집합이라 하자.

(a) $A \subseteq \cup\mathcal{U}$일 때, $\mathcal{U}$를 **A의 덮개(cover (or covering) of A)**, 또는 **$\mathcal{U}$는 A를 덮는다 ($\mathcal{U}$ covers A)**고 말한다. 특히, $\mathcal{U}$의 모든 원소가 열린집합 즉, $\mathcal{U} \subseteq \mathcal{T}$일 때, $\mathcal{U}$를 **A의 열린덮개(open cover of A)**라 한다.

(b) A의 덮개 $\mathcal{U}$의 부분집합족 $\mathcal{U}'$이 $A \subseteq \cup\mathcal{U}'$를 만족할 때, $\mathcal{U}'$을 $\mathcal{U}$의 **부분덮개(subcover of $\mathcal{U}$)**라 한다.

주목 5.1.2. 정의 5.1.1에서 덮개 $\mathcal{U}$의 원소를 임의의 첨수집합 I를 이용하여 $\mathcal{U} = \{U_i \mid i \in I\}$와 같이 나타내기도 한다. 그러나 우리는 표기의 복잡성을 피하기 위해, 첨수집합의 사용을 최대한 지양하여 증명 등을 서술하고자 한다.

정의 5.1.3. A가 위상공간 $(X, \mathcal{T})$의 부분집합이라 하자. A의 모든 열린덮개 $\mathcal{U}$가 유한 부분덮개 $\mathcal{U}'$을 가질 때, A를 **컴팩트 부분집합(compact subset)**라 한다. 특히 $A = X$일 때, X를 **컴팩트 공간(compact space)**이라 한다.

정리 5.1.4. A가 위상공간 $(X, \mathcal{T})$의 부분집합이라 하자. 그러면 다음은 동치이다.

(a) A는 X의 컴팩트 부분집합이다.

(b) 부분공간 $(A, \mathcal{T}_A)$는 컴팩트이다.

증명 (a) $\Rightarrow$ (b) A가 X의 컴팩트 부분집합이고 $\mathcal{U}$가 부분공간 $(A, \mathcal{T}_A)$에서 A의 열린 덮개라 하자. 그러면 각 $U \in \mathcal{U}$에 대하여 $U = V_U \cap A$를 만족하는 $V_U \in \mathcal{T}$가 존재한다. $\mathcal{V} = \{V_U \mid U \in \mathcal{U}\}$는 분명히 X의 컴팩트 부분집합 A를 덮으므로, $\mathcal{V}$의 유한 부분덮개 $\{V_{U_1}, V_{U_2}, \cdots, V_{U_n}\}$가 존재한다. 그러면

$$\bigcup_{i=1}^{n} U_i = \bigcup_{i=1}^{n} (V_{U_i} \cap A) = \left(\bigcup_{i=1}^{n} V_{U_i}\right) \cap A \supseteq A \cap A = A$$

이 성립한다. 따라서 $\mathcal{U}' = \{U_1, U_2, \cdots, U_n\}$은 A를 덮는 $\mathcal{U}$의 유한 부분덮개이다. 그러므로 부분공간 $(A, \mathcal{T}_A)$는 컴팩트이다.

(b) $\Rightarrow$ (a) 부분공간 $(A, \mathcal{T}_A)$가 컴팩트이고 $\mathcal{U}$가 위상공간 X에서 A의 열린덮개라 하자. 그러면 $\mathcal{V} = \{U \cap A \mid U \in \mathcal{U}\}$는 부분공간 A의 열린집합들로 이루어진 A의 덮개이다. 부분공간 A가 컴팩트이므로, 유한 부분덮개 $\mathcal{V}' = \{U_1 \cap A, U_2 \cap A, \cdots, U_n \cap A\}$이 존재한다. 그러면

$$\bigcup_{i=1}^{n} U_i \supseteq \bigcup_{i=1}^{n} (U_i \cap A) \supseteq A$$

가 성립한다. 따라서 $\mathcal{U}' = \{U_1, U_2, \cdots, U_n\}$은 $\mathcal{U}$의 유한 부분덮개이다. 그러므로 A는 X의 컴팩트 부분집합이다. □

보기 5.1.5. A가 위상공간 $(X, \mathcal{T})$의 유한 부분집합이라 하자. 그러면 A는 컴팩트이다.

풀이 $A = \{a_1, a_2, \cdots, a_n\}$이고 $\mathcal{U}$가 A의 임의의 열린덮개라 하자. 그러면 각 $i = 1, 2, \cdots n$에 대하여 $a_i \in U_i$인 $U_i \in \mathcal{U}$가 존재한다. 따라서 $\cup_{i=1}^{n} U_i \supseteq A$이므로, $\mathcal{U}' = \{U_1, U_2, \cdots, U_n\}$은 $\mathcal{U}$의 유한 부분덮개이다. 그러므로 A는 컴팩트이다. □

다음 보기는 명백하므로 증명은 독자에게 맡긴다.

보기 5.1.6. $(X, \mathcal{T})$가 위상공간이라 하자.

(a) $\mathcal{T}$가 비이산위상이면, $(X, \mathcal{T})$는 컴팩트이다.

(b) X가 무한집합이고 $\mathcal{T}$가 이산위상이면, $(X, \mathcal{T})$는 컴팩트가 아니다.

보기 5.1.7. 공집합이 아닌 집합 X에 대하여, 여유한 위상공간 $(X, \mathcal{T}_f)$는 컴팩트이다.

풀이 $\mathcal{U}$가 X의 열린덮개라 하자. $X \neq \varnothing$이고 $X \subseteq \cup\mathcal{U}$이므로, $U_0 \neq \varnothing$인 $U_0 \in \mathcal{U}$가 존재한다. $\mathcal{T}_f$가 여유한위상이기 때문에, $X - U_0$는 유한집합이다. $X - U_0 = \{x_1, x_2, \cdots, x_n\}$이라 하자. $\mathcal{U}$는 X의 덮개이므로, 각 $i = 1, 2, \cdots, n$에 대하여 $x_i \in U_i$을 만족하는 $U_i \in \mathcal{U}$가 존재한다. 그러면

$$\bigcup_{i=0}^{n} U_i = U_0 \cup \bigcup_{i=1}^{n} U_i \supseteq U_0 \cup (X - U_0) = X$$

이다. 즉, $\mathcal{U}' = \{U_0, U_1, \cdots, U_n\}$은 $\mathcal{U}$의 유한 부분덮개이다. 그러므로 $(X, \mathcal{T}_f)$는 컴팩트이다. □

보기 5.1.8. $(\mathbb{R}, \mathcal{T})$가 유클리드 공간이라 하자.

(a) $\mathbb{R}$은 컴팩트가 아니다.

(b) 열린구간 $(0, 1)$은 컴팩트가 아니다.

(c) $A = \{0\} \cup \{\frac{1}{n} \mid n \in \mathbb{N}\}$는 컴팩트이다.

풀이 (a) (모순법) $\mathbb{R}$이 컴팩트라 가정하자. $\mathcal{U} = \{(-n, n) \mid n \in \mathbb{N}\}$는 $\mathbb{R}$의 열린덮개이므로, 유한 부분덮개

$$\mathcal{U}' = \{(-n_1, n_1), (-n_2, n_2), \cdots, (-n_k, n_k)\}$$

이 존재한다. $M = \max\{n_1, n_2, \cdots, n_k\}$에 대하여, $x > M$이면 $x \notin \cup\mathcal{U}'$이다. 이것은 모순이므로, $\mathbb{R}$은 컴팩트가 아니다.

(b) $\mathcal{U} = \{(\frac{1}{n}, 1) \mid n \in \mathbb{N}\}$는 열린구간 $(0, 1)$의 열린덮개이지만 유한 부분덮개를 갖지 않음을 (a)와 비슷하게 증명할 수 있다. 그러므로 $(0, 1)$은 컴팩트가 아니다.

(c) $\mathcal{U}$가 A의 임의의 열린덮개라 하자. 그러면 $0 \in U_0$인 $U_0 \in \mathcal{U}$가 존재한다. $0 \in (a,b) \subseteq U_0$를 만족하는 두 실수 a, b를 잡고, $0 < \frac{1}{k} < b$을 만족하는 $k \in \mathbb{N}$를 잡자. 그러면 모든 $n \geq k$인 모든 $n \in \mathbb{N}$에 대하여 $\frac{1}{n} \in (a,b) \subseteq U_0$이다. $1 \leq n < k$에 대하여 $\frac{1}{n} \in A$이고 $\mathcal{U}$는 A의 덮개이므로, $\frac{1}{n} \in U_n$을 만족하는 $U_n \in \mathcal{U}$이 존재한다. 따라서

$$\bigcup_{i=0}^{n} U_i = U_0 \cup \bigcup_{i=1}^{n} U_i \supseteq \left\{\frac{1}{n} \mid n \geq k\right\} \cup \left\{\frac{1}{n} \mid 1 \leq n < k\right\} = A$$

이다. 즉, $\mathcal{U}' = \{U_0, U_1, \cdots, U_n\}$은 $\mathcal{U}$의 유한 부분덮개이다. 그러므로 A는 컴팩트이다. □

정리 5.1.9. 컴팩트 공간의 모든 닫힌 부분집합은 컴팩트이다.

증명 $(X, \mathcal{T})$가 컴팩트 공간이고 A가 X의 닫힌 부분집합이라 하자. 그리고 $\mathcal{U}$가 A의 열린덮개라 하자. $X - A$는 X의 열린 부분집합이므로, $\mathcal{V} = \mathcal{U} \cup \{X - A\}$는 X의 열린덮개이다. 그리고 X가 컴팩트이므로, $\mathcal{V}$의 유한 부분덮개 $\mathcal{V}'$이 존재한다. 그러면 $\mathcal{U}' = \mathcal{V}' - \{X - A\}$은 A를 덮는 $\mathcal{U}$의 유한 부분덮개이다. 왜냐하면, 임의의 $a \in A$에 대하여 $a \in \cup\mathcal{V}'$이므로, $a \in V_a$을 만족하는 $V_a \in \mathcal{V}'$가 존재한다. 그런데 $a \notin X - A$이기 때문에, $V_a \in \mathcal{V}' - \{X - A\}$이다. 그러므로 A는 컴팩트이다. □

정리 5.1.10. $(X, \mathcal{T})$가 하우스도르프 공간이라 하자. 그러면 X의 컴팩트 부분집합 A와 점 $p \in X - A$에 대하여, $A \subseteq U$와 $p \in V$을 만족하는 서로소인 열린집합 U, V가 존재한다.

증명 $x \in A$라 하자. x와 p는 서로 다른 두 점이고 $(X, \mathcal{T})$가 하우스도르프이므로, $x \in U_x$, $p \in V_x$을 만족하는 서로소인 두 열린집합 U_x와 V_x가 존재한다. $\mathcal{U} = \{U_x \mid x \in A\}$는 A의 열린 덮개이고 A가 컴팩트이므로, 유한 부분덮개 $\mathcal{U}' = \{U_{x_1}, U_{x_2}, \cdots, U_{x_n}\}$이 존재한다.

$$U = \bigcup_{i=1}^{n} U_{x_i}, \qquad V = \bigcap_{i=1}^{n} V_{x_i}$$

라 놓으면, 각 i에 대하여 U_{x_i}와 V_{x_i}는 서로소이므로 $U \cap V = \varnothing$이다. 또한 $A \subseteq U$이고 $p \in V$이다. □

정리 5.1.11. 하우스도르프 공간의 모든 컴팩트 부분집합은 닫힌집합이다.

증명 $(X, \mathcal{T})$가 하우스도르프 공간이고 A가 X의 컴팩트 부분집합이라 하자. 그러면 정리 5.1.10에 의해, 각 점 $p \in X - A$에 대하여

$$A \subseteq U_p, \qquad p \in V_p$$

을 만족하는 서로소인 두 열린집합 U_p, V_p가 존재한다. 각 점 $p \in X-A$에 대하여, $A \cap V_p = \varnothing$이므로 $\bigcup_{p \in X-A} V_p = X - A$ 즉, $X - A \in \mathcal{T}$이다. 그러므로 A는 X의 닫힌 부분집합이다. □

따름정리 5.1.12. 컴팩트 하우스도르프 공간 $(X, \mathcal{T})$의 부분집합 A가 컴팩트일 필요충분조건은 A가 X의 닫힌 부분집합이다.

증명 정리 5.1.9와 정리 5.1.11에 의해 바로 얻어진다. □

정리 5.1.13. 하우스도르프 공간 $(X, \mathcal{T})$의 부분집합 A가 컴팩트라 하자. A의 점들로 이루어진 수열 (a_n)이 점 $p \in X$에 수렴하면 $p \in A$이다.

증명 A의 점들로 이루어진 수열 (a_n)이 $p \in X$에 수렴하면 $p \in \overline{A}$이다. 그리고 하우스도르프 공간의 컴팩트 부분집합은 닫힌집합이므로 $\overline{A} = A$이다. 그러므로 $p \in A$이다. □

보기 5.1.14. 유클리드 공간 $\mathbb{R}$의 부분집합 $A = [0, 1] \cap \mathbb{Q}$는 컴팩트가 아니다.

풀이 (방법1) A가 컴팩트라 가정하자. $\mathbb{R}$은 하우스도르프 공간이므로 A는 $\mathbb{R}$의 닫힌집합이다. 그러나 $\overline{A} = [0, 1] \neq A$이 되어 모순이다. 그러므로 A는 컴팩트가 아니다.

(방법2) A가 컴팩트라 가정하자. 유리수의 조밀성에 의해 $\frac{1}{\sqrt{2}}$에 수렴하는 A의 점들로 이루어진 수열 (a_n)을 잡을 수 있다. 그러면 정리 5.1.13에 의해 $\frac{1}{\sqrt{2}} \in A$이다. 이것은 모순이므로 A는 컴팩트가 아니다. □

정리 5.1.15. $f : (X, \mathcal{T}) \to (Y, \mathcal{U})$가 연속이고 전사함수라 하자. $(X, \mathcal{T})$가 컴팩트이면, $(Y, \mathcal{U})$는 컴팩트이다. 즉, 컴팩트 공간의 연속인 상은 컴팩트이다.

증명 $\mathcal{O}$가 Y의 열린 덮개라 하자. 그러면 $\mathcal{V} = \{f^{-1}(O) \mid O \in \mathcal{O}\}$는 X의 열린 덮개이다. X가 컴팩트이므로, $\mathcal{V}$의 유한 부분덮개 $\mathcal{V}'$이 존재한다. $\mathcal{O}' = \{O \mid f^{-1}(O) \in \mathcal{V}'\}$이라 놓으면, $\mathcal{O}'$은 유한이다.

이제 $\mathcal{O}'$이 Y를 덮는다는 것을 증명하기 위해, 임의의 점 $y \in Y$를 선택하자. 그러면 f가 전사이므로 $f(x) = y$인 어떤 $x \in X$에 대하여, $x \in f^{-1}(O_x)$을 만족하는 $f^{-1}(O_x) \in \mathcal{V}'$가 존재한다. $y \in O_x \in \mathcal{O}'$이므로 $\mathcal{O}'$은 Y를 덮는다. 그러므로 $(Y, \mathcal{U})$는 컴팩트이다. □

정리 5.1.16. 컴팩트성은 위상적 성질이다.

증명 $h : (X, \mathcal{T}) \to (Y, \mathcal{U})$가 위상동형함수이고 $(X, \mathcal{T})$가 컴팩트라 하자. 그러면 h는 연속이고 전사함수이므로, 정리 5.1.15에 의해 $(Y, \mathcal{U})$는 컴팩트이다. □

정리 5.1.17. 컴팩트 공간으로부터 하우스도르프 공간으로의 모든 연속함수는 닫힌함수이다.

증명 $(X, \mathcal{T})$가 컴팩트 공간, $(Y, \mathcal{U})$가 하우스도르프 공간, $f : (X, \mathcal{T}) \to (Y, \mathcal{U})$가 연속이라 가정하자. C가 X의 닫힌 부분집합이면 정리 5.1.9에 의해 C는 X의 컴팩트 부분집합이고, 다시 정리 5.1.15에 의해 $f(C)$는 Y의 컴팩트 부분집합이다. 그리고 정리 5.1.11에 의해 $f(C)$는 Y의 닫힌 부분집합이다. 그러므로 f는 닫힌함수이다. □

정리 5.1.18. $(X, \mathcal{T})$가 컴팩트 공간, $(Y, \mathcal{U})$가 하우스도르프 공간, $f : (X, \mathcal{T}) \to (Y, \mathcal{U})$가 연속인 전단사함수라 하자. 그러면 f는 위상동형함수이다.

증명 정리 5.1.17에 의해, f는 닫힌함수이다. 또한 정리 3.2.5에 의해 역함수 f^{-1}는 연속이다. 그러므로 f는 위상동형함수이다. □

다음 두 정리는 주어진 집합 X 위의 위상들 중 컴팩트 위상과 하우스도르프 위상 사이의 흥미로운 관계를 설명해준다.

정리 5.1.19. 집합 X에 대하여 $(X, \mathcal{T}_1)$이 컴팩트 공간, $(X, \mathcal{T}_2)$가 하우스도르프 공간, $\mathcal{T}_2 \subseteq \mathcal{T}_1$라 하자. 그러면 $\mathcal{T}_1 = \mathcal{T}_2$이다.

증명 $f : (X, \mathcal{T}_1) \to (X, \mathcal{T}_2)$가 항등함수라 하자. 그러면 f는 전단사이다. 그리고 $\mathcal{T}_2 \subseteq \mathcal{T}_1$이기 때문에 f는 연속이다. 정의역 $(X, \mathcal{T}_1)$은 컴팩트 공간이고 공역 $(X, \mathcal{T}_2)$는 하우스도르프 공간이므로 정리 5.1.18에 의해, f는 위상동형함수이다. 그러므로 $\mathcal{T}_1 = \mathcal{T}_2$이다. □

정리 5.1.20. $(X, \mathcal{T})$가 컴팩트 하우스도르프 공간이라 하자. 그러면 다음이 성립한다:

(a) $\mathcal{U} \subsetneq \mathcal{T}$인 X 위의 하우스도르프 위상 $\mathcal{U}$는 존재하지 않는다.

(b) $\mathcal{T} \subsetneq \mathcal{U}$인 X 위의 컴팩트 위상 $\mathcal{U}$는 존재하지 않는다.

증명 (a) $(X, \mathcal{U})$가 하우스도르프 공간이고 $\mathcal{U} \subsetneq \mathcal{T}$이라 가정하자. 그러면 정리 5.1.19의 증명과 비슷하게 항등함수 $Id : (X, \mathcal{T}) \to (X, \mathcal{U})$가 위상동형함수이므로, $\mathcal{T} = \mathcal{U}$이다. 이것은 가정 $\mathcal{T} \neq \mathcal{U}$에 모순이다. 그러므로 (a)는 참이다.

(b) $(X, \mathcal{U})$가 컴팩트 공간이고 $\mathcal{T} \subsetneq \mathcal{U}$이라 가정하자. 그러면 5.1.19의 증명과 비슷하게 항등함수 $Id : (X, \mathcal{U}) \to (X, \mathcal{T})$가 위상동형함수이므로, $\mathcal{T} = \mathcal{U}$이다. 이것은 가정 $\mathcal{T} \neq \mathcal{U}$에 모순이다. 그러므로 (b)는 참이다. □

5.3절에서 국소컴팩트와 관련된 정리의 증명에 필요한 아래의 정리를 소개하고 이 절을 마무리하겠다.

정리 5.1.21. $\mathcal{F}$가 위상공간 $(X, \mathcal{T})$의 닫힌 부분집합들의 모임이고 어떤 컴팩트 집합 $K \in \mathcal{F}$가 존재한다고 하자. U가 X의 열린 부분집합이고 $\varnothing \neq \cap\mathcal{F} \subseteq U$이면, $\varnothing \neq \cap\mathcal{G} \subseteq U$인 유한 부분집합족 $\mathcal{G} \subseteq \mathcal{F}$가 존재한다.

증명 $\cap\mathcal{F} \subseteq U$이기 때문에, $X - U \subseteq X - \cap\mathcal{F}$이다. 또한 $K \subseteq X = U \cup (X - U)$이므로

$$K \subseteq U \cup (X - \cap\mathcal{F}) = U \cup \left(\bigcup\{X - F \mid F \in \mathcal{F}\}\right)$$

이다. K는 컴팩트이므로 $\mathcal{F}$의 유한 부분집합족 $\mathcal{F}'$이 존재하여 $K \subseteq U \cup (\bigcup\{X - F \mid F \in \mathcal{F}'\})$

을 만족한다. 따라서

$$\bigcap\{K \cap F \mid F \in \mathcal{F}'\} = K - \left(\bigcup\{X - F \mid F \in \mathcal{F}'\}\right) \subseteq U$$

이다. $\mathcal{G} = \mathcal{F} \cup \{K\}$라 하면 $\cap\mathcal{G} \subseteq U$이다. □

연습문제 5.1

1. 하극한 위상공간 $(\mathbb{R}, \mathcal{T}_l)$는 컴팩트가 아님을 증명하시오.

2. 무한집합 X 위에 여유한상 $\mathcal{T}_f$가 주어져 있다고 하자. $(X, \mathcal{T}_f)$의 모든 부분집합이 컴팩트임을 증명하시오.

3. 여가산 위상공간 $(X, \mathcal{T}_c)$의 부분집합이 컴팩트일 필요충분조건을 찾으시오.

4. 이산공간 $(X, \mathcal{T})$의 부분집합이 컴팩트일 필요충분조건은 유한임을 증명하시오.

5. 유클리드 공간 $(\mathbb{R}, \mathcal{T})$의 부분집합인 구간 $(0, \infty)$이 컴팩트가 아님을 증명하시오.

6. 유클리드 공간 $(\mathbb{R}, \mathcal{T})$의 부분집합인 구간 $[0, 1)$이 컴팩트가 아님을 증명하시오.

7. 유클리드 공간 $(\mathbb{R}, \mathcal{T})$의 부분집합 $\{\frac{1}{n} \mid n \in \mathbb{N}\}$이 컴팩트가 아님을 증명하시오.

8. 유클리드 공간 $\mathbb{R}$의 부분공간 $\mathbb{Q}$와 $[0, 1] \cap \mathbb{Q}$가 컴팩트가 아님을 유한 부분덮개를 갖지 않는 열린덮개를 찾아서 증명하시오.

9. 유클리드 공간 $\mathbb{R}$의 부분공간 $[0,1]$은 컴팩트이다(5.2절에서 증명). 이 사실을 이용하여 유클리드 공간 $\mathbb{R}^2$의 부분공간 $S^1 = \{\langle x, y\rangle \in \mathbb{R}^2 \mid x^2 + y^2 = 1\}$이 컴팩트임을 증명하시오.

10. A_1, A_2, $\cdots$, A_n가 위상공간 $(X, \mathfrak{T})$의 닫힌 부분집합들이라 하자. $A = \bigcup_{i=1}^n A_i$가 컴팩트일 필요충분조건은 각 A_i가 컴팩트임을 증명하시오.

5.2 거리공간에서의 컴팩트성

해석학에서는 유클리드 공간 $\mathbb{R}^n$의 유계이고 닫힌 부분집합을 컴팩트 집합이라고 정의하곤 한다. 이 절에서는 위상수학에서 매우 중요한 개념인 컴팩트성이 거리공간에서 어떤 역할을 하는지 살펴보고, 이와 관련된 Hine-Borel 정리, Bolzano-Weierstrass 성질 등에 대하여 알아보겠다.

정리 5.2.1. 유클리드 공간 $\mathbb{R}$의 부분집합인 구간 $I = [0, 1]$는 컴팩트이다.

증명 $\mathcal{U}$가 I의 임의의 열린덮개라 하자. 그러면 각 $x \in I$에 대하여 $x \in U_x$인 $U_x \in \mathcal{U}$가 존재한다. U_x는 열린집합이므로, $x \in (a_x, b_x) \subseteq U_x$을 만족하는 두 실수 a_x, b_x가 존재한다. 이제 I의 부분집합 C를 다음과 같이 정의하자:

$$C = \{c \in I \mid [0, c]\text{는 유한 개의 } (a_x, b_x)\text{에 의해 덮인다}\}$$

$0 \in C$이기 때문에 $C \neq \varnothing$이고, C의 정의에 의해 각 $c \in C$에 대하여 유한 개의 (a_x, b_x)로 이루어진 $\mathcal{V}_c$가 존재해서 $[0, c] \subseteq \cup\mathcal{V}_c$을 만족한다.

이제 각 $x \in C$에 대하여 $(a_x, b_x) \subseteq C$임을 보이기 위해 $y \in (a_x, b_x)$이라 하자. 만약 $x \leq y$이면, (a_x, b_x)는 x와 y를 포함하는 구간이므로, $[x, y] \subseteq (a_x, b_x)$이고

$$[0, y] = [0, x] \cup [x, y] \subseteq (\cup\mathcal{V}_x) \cup (a_x, b_x)$$

이므로, $y \in C$이다. 만약 $y < x$이면,

$$[0, y] \subseteq [0, x] \subseteq \cup\mathcal{V}_x$$

이므로, $y \in C$이다. 그러므로 $(a_x, b_x) \subseteq C$이다.

각 $x \in I$에 대하여, $x \in C$이면 $(a_x, b_x) \cap C = (a_x, b_x)$이고 $x \notin C$이면 $(a_x, b_x) \cap C = \varnothing$이기 때문에,

$$C = \bigcup_{x \in C} (a_x, b_x), \qquad I - C = \bigcup_{x \notin C} (a_x, b_x)$$

이다. 그러므로 C는 부분공간 I의 열린닫힌집합이다. I는 연결이고 $C \neq \varnothing$이므로, $C = I$가 되어, $1 \in C$이다. 즉, $I = [0, 1] \subseteq \cup\mathcal{V}_1$이다. 각 $(a_x, b_x) \in \mathcal{V}_1$에 대해 $(a_x, b_x) \subseteq U_x$이므로 $\mathcal{U}$에 속하는 유한 개의 U_x에 의해 I는 덮인다. 그러므로 I는 컴팩트이다. □

따름정리 5.2.2. $\mathbb{R}$이 유클리드 공간이고 $a < b$, $a, b \in \mathbb{R}$라 하자. 그러면 $[a, b]$는 컴팩트이다.

증명 $[a, b]$는 컴팩트 공간 $[0, 1]$과 위상동형이므로 정리 5.1.16에 의해 $[a, b]$는 컴팩트이다. □

정리 5.2.3. 유클리드 공간 $\mathbb{R}$의 컴팩트 부분집합은 유계이다.

증명 A가 $\mathbb{R}$의 컴팩트 부분집합이라 하자. $\mathcal{U} = \{(-n, n) \mid n \in \mathbb{N}\}$가 A의 열린덮개이므로, $\mathcal{U}$의 유한 부분덮개 $\{(-n_1, n_1), (-n_2, n_2), \cdots, (-n_k, n_k)\}$가 존재한다. $M = \max\{n_i \mid i = 1, 2, \cdots, k\}$라 하자. 그러면 임의의 $x, y \in A$에 대하여 $|x - y| < 2M$을 만족한다. 그러므로 A는 유계이다. □

정리 5.2.4 (Heine-Borel 정리). 유클리드 공간 $\mathbb{R}$의 부분집합 A가 컴팩트일 필요충분조건은 A는 유계이고 닫힌집합이다.

증명 ($\Rightarrow$) A가 $\mathbb{R}$의 컴팩트 부분집합이라 하자. 정리 5.2.3에 의해 A는 유계이다. $\mathbb{R}$은 하우스도르프 공간이므로 정리 5.1.11에 의해 A는 닫힌집합이다.

($\Leftarrow$) A가 유계이고 닫힌집합이라 하자. A가 유계이므로 어떤 양의 실수 M에 대하여 $A \subseteq [-M, M]$이다. $[-M, M]$은 컴팩트이고, A는 부분공간 $[-M, M]$의 닫힌 부분집합이므로, 정리 5.1.9에 의해 컴팩트이다. □

주목 5.2.5. 유클리드 공간 $\mathbb{R}^n$, $n \geq 2$의 부분집합 A에 대해서도 A가 컴팩트일 필요충분조건은 A가 유계이고 닫힌집합이다. 그리고 모든 거리공간의 컴팩트 부분집합은 유계이고 닫힌집합이다.

정리 5.2.6. $(X, \mathcal{T})$가 컴팩트 공간, $(\mathbb{R}, \mathcal{U})$가 유클리드 공간, 함수 $f : (X, \mathcal{T}) \to (\mathbb{R}, \mathcal{U})$가 연속이라 하자. 그러면 $f(X)$는 최대원과 최소원을 갖는다. 즉, $m, M \in f(X)$이 존재하여 모든 $x \in X$에 대하여 $m \leq f(x) \leq M$이다.

증명 $(X, \mathcal{T})$가 컴팩트 공간이고 $f : (X, \mathcal{T}) \to (\mathbb{R}, \mathcal{U})$가 연속이므로 $f(X)$는 $(\mathbb{R}, \mathcal{U})$의 컴팩트 부분집합이다. 따라서 정리 5.2.4에 의해 $f(X)$는 유계이고 닫힌집합이다. $f(X)$가 유계이므로 최소상계 M과 최대하계 m이 존재하고 $f(X)$는 닫힌집합이므로 $m, M \in f(X)$이다. 그러므로 m은 $f(X)$의 최소원이고, M은 $f(X)$의 최대원이다. □

보기 5.2.7. 유클리드 공간 $(\mathbb{R}, \mathcal{U})$의 부분공간 $[0, 1]$에 대하여 함수 $f : [0, 1] \to (\mathbb{R}, \mathcal{U})$가 연속이라 하자. 그러면 어떤 $a, b \in \mathbb{R}$에 대하여 $f([0, 1]) = [a, b]$이다.

풀이 $[0, 1]$은 연결이므로 $f([0, 1])$도 연결이다. $\mathbb{R}$의 부분집합이 연결일 필요충분조건은 그 부분집합이 구간이므로, $f([0, 1])$는 구간이다. 그리고 $[0, 1]$이 컴팩트이므로 $f([0, 1])$는 최소원 a와 최대원 b를 갖는다. 그러므로 $f([0, 1]) = [a, b]$이다. □

정의 5.2.8. (X, d)가 거리공간이라 하자. 임의의 양수 ε에 대하여 유한집합 F가 존재하여

각 $x \in X$에 대하여 $d(x, p) < \varepsilon$인 $p \in F$가 존재한다.

을 만족할 때, (X, d)를 **완전유계(totally bounded)**라 한다.

정의 5.2.9. 위상공간 $(X, \mathcal{T})$의 모든 무한 부분집합 A에 대하여 $A^d \neq \varnothing$ 즉, 모든 무한 부분집합이 극한점을 가질 때, $(X, \mathcal{T})$는 **Bolzano-Weierstrass 성질**을 갖는다고 말한다.

보조정리 5.2.10. $(X, \mathcal{T})$가 T_1-공간이고 X의 부분집합 A에 대하여 $p \in A^d$라 하자. 그러면 p의 임의의 열린 근방 U에 대하여 $U \cap A$는 무한집합이다.

증명 (모순법) $p \in A^d$이고 p의 어떤 열린 근방 U에 대하여 $U \cap A$가 유한이라 가정하자. T_1-공간의 단집합은 닫힌집합이므로 $U \cap A$는 유한 개의 닫힌집합의 합집합이다. 따라서 $U \cap A$는 닫힌집합이고 $V = [U - (U \cap A)] \cup \{p\}$는 p의 열린 근방이다. 그러나 $V \cap A - \{p\} = \varnothing$이므로 $p \notin A^d$이 되어 모순이다. □

모든 거리 공간은 T_1-공간이므로 다음이 성립한다.

정리 5.2.11. Bolzano-Weierstrass 성질을 갖는 거리공간은 완전유계이다.

증명 (대우법) 거리공간 (X, d)가 완전유계가 아니라고 가정하자. 그러면 완전유계의 정의를 만족하지 않는 양의 실수 ε이 존재한다. 한 점 $x_1 \in X$을 잡자. $\{x_1\}$은 유한집합이므로 $d(x_1, x_2) \geq \varepsilon$을 만족하는 $x_2 \in X$가 존재한다. 귀납적으로, 유한집합 $\{x_1, x_2, \cdots, x_n\}$가 서로 다른 $i, j \in \{1, 2, \cdots, n\}$에 대하여 $d(x_i, x_j) \geq \varepsilon$을 만족한다고 가정하자. 그러면 $x_{n+1} \in X$가 존재하여 각 $i \in \{1, 2, \cdots, n\}$에 대하여 $d(x_{n+1}, x_i) \geq \varepsilon$이 성립한다. $A = \{x_n \mid n \in \mathbb{N}\}$라 놓자.

이제 A의 극한점이 존재하지 않는 것을 증명하겠다. $p \in A^d$라 가정하자. 그러면 $B_d(p, \frac{\varepsilon}{2})$는 p의 열린 근방이므로 $B_d(p, \frac{\varepsilon}{2}) \cap A - \{p\} \neq \varnothing$이다. p가 A의 극한점이므로, 보조정리 5.2.10에 의해 $B_d(p, \frac{\varepsilon}{2}) \cap A$는 무한집합이다. 서로 다른 두 점 $x_k, x_l \in B_d(p, \varepsilon) \cap A - \{p\}$를 잡자. 그러면 $d(x_k, x_l) \leq d(x_k, p) + d(p, x_l) < \frac{\varepsilon}{2} + \frac{\varepsilon}{2} = \varepsilon$이다. 그러나 이것은 x_n의 선택에 모순이다. 따라서 $A^d = \varnothing$이다. 그러므로 (X, d)는 Bolzano-Weierstrass 성질을 갖지 않는다. □

$\mathcal{F}$가 한 집합 X의 부분집합들의 모임이라 하자. $\mathcal{F}$의 임의의 유한 부분집합족 $\mathcal{A}$에 대하여 $\cap\mathcal{A} \neq \varnothing$일 때, $\mathcal{F}$는 **유한교집합 성질(finite intersection property)**을 만족한다고 한다.

정리 5.2.12. $(X, \mathcal{T})$가 위상공간이라 하자. 다음은 동치이다:

(a) $(X, \mathcal{T})$는 컴팩트이다.

(b) X의 닫힌 부분집합들로 이루어진 집합족 $\mathcal{F}$가 유한교집합 성질을 만족하면 $\cap\mathcal{F} \neq \varnothing$이다.

증명 (a) ⇒ (b) $(X, \mathcal{T})$가 컴팩트 공간이고, $\mathcal{F} = \{F_i \subseteq X \mid i \in I\}$가 X의 닫힌집합들로 이루어져 있고 유한교집합 성질을 만족한다고 하자. 그리고 $\cap\mathcal{F} = \varnothing$이라 가정하자. 그러면

$$\bigcup_{i \in I}(X - F_i) = X - \bigcap_{i \in I} F_i = X$$

이므로 $\mathcal{U} = \{X - F_i \mid i \in I\}$는 X의 열린덮개이다. X가 컴팩트 공간이므로, 어떤 유한집합 $J \subseteq I$에 대하여 $\{X - F_i \mid i \in J\}$는 X를 덮는다.

$$X = \bigcup_{i \in J}(X - F_i) = X - \bigcap_{i \in J} F_i$$

이기 때문에, $\bigcap_{i\in J} F_i = \varnothing$이다. 이것은 $\mathcal{F}$가 유한교집합 성질을 만족한다는 가정에 모순이다. 그러므로 $\cap\mathcal{F} \neq \varnothing$이다.

(b) $\Rightarrow$ (a) X의 열린덮개 $\mathcal{U}$가 유한 부분덮개를 갖지 않는다고 가정하자. 그리고 $\mathcal{F} = \{X - U \mid U \in \mathcal{U}\}$라 하자. 먼저 $\mathcal{F}$가 유한교집합 성질을 만족함을 보이겠다. $\mathcal{U}'$이 $\mathcal{U}$의 유한 부분집합족이라 하면 $x_0 \notin \cup\mathcal{U}'$인 $x_0 \in X$가 존재한다. 따라서 모든 $U \in \mathcal{U}'$에 대하여 $x_0 \notin U$이므로 $x_0 \in \cap\{X - U \mid U \in \mathcal{U}'\}$이다. 그러므로 $\mathcal{F}$는 유한교집합 성질을 갖는다. 가정 (b)에 의하여 $\cap\mathcal{F} \neq \varnothing$이다. 그러나 $x \in \cap\mathcal{F}$이면, 모든 $U \in \mathcal{U}$에 대하여 $x \in X - U$이다. 즉, 모든 $U \in \mathcal{U}$에 대하여 $x \notin U$이다. 이것은 $\mathcal{U}$가 X의 덮개라는 것에 모순이다. 그러므로 $(X, \mathcal{T})$는 컴팩트이다. □

다음은 정리 5.2.12으로부터 얻어지는 흥미로운 결과이다.

정리 5.2.13. 모든 컴팩트 공간은 Bolzano-Weierstrass 성질을 갖는다.

증명 A가 컴팩트 공간 $(X, \mathcal{T})$의 무한 부분집합이고 $A^d = \varnothing$이라 가정하자. A가 무한집합이므로 A의 가산무한 부분집합 B가 존재하고 $A^d = \varnothing$이므로 $B^d = \varnothing$이다. 여기서 $B = \{x_n \mid n \in \mathbb{N}\}$이고 x_n은 서로 다른 점들이라 가정할 수 있다. 각 $n \in \mathbb{N}$에 대하여 $F_n = \{x_k \in B \mid k \geq n\}$놓자. 그러면 $(F_n)^d = \varnothing$이므로 F_n은 X의 닫힌 부분집합이다. F_n의 정의에 의해 분명히 $\{F_n \mid n \in \mathbb{N}\}$은 유한교집합 성질을 만족한다. 따라서 $\bigcap_{n=1}^{\infty} F_n \neq \varnothing$이다. 그러나 각 $x_k \in B$에 대하여 $x_k \notin F_{k+1}$이기 때문에 $x_k \notin \bigcap_{n=1}^{\infty} F_n$이다. 그러므로 $\bigcap_{n=1}^{\infty} F_n = \varnothing$이 되어 모순이다. 따라서 $A^d \neq \varnothing$이다. 그러므로 모든 컴팩트 공간은 Bolzano-Weierstrass 성질을 갖는다. □

다음은 해석학에서 자주 이용되는 중요한 성질이다.

따름정리 5.2.14 (축소구간정리(Nested Interval Theorem)). $\{I_n \mid n \in \mathbb{N}\}$가 유클리드 공간 $\mathbb{R}$의 공집합이 아니고 유계인 닫힌 구간들의 모임이고 각 $n \in \mathbb{N}$에 대하여 $I_{n+1} \subseteq I_n$이라 하자. 그러면 $\bigcap_{n\in\mathbb{N}} I_n \neq \varnothing$이다.

증명 $\mathcal{F} = \{I_n \mid n \in \mathbb{N}\}$가 $\mathbb{R}$의 공집합이 아니고 유계인 닫힌 구간들의 모임이고 각 $n \in \mathbb{N}$에 대하여 $I_{n+1} \subseteq I_n$이라 하자. I_1은 $\mathbb{R}$에서 유계이고 닫힌집합이므로 Heine-Borel 정리(정리 5.2.4)에 의해 I_1은 컴팩트이다. 그리고 $\mathcal{F}$는 유한교집합 성질을 만족하는 I_1의 닫힌 부분집합들의 모임이므로, 정리 5.2.12에 의해 $\cap\mathcal{F} = \bigcap_{n\in\mathbb{N}} I_n \neq \emptyset$이다. □

연습문제 5.2

1. A가 거리공간 (X, d)의 컴팩트 부분집합이라 하자. A가 유계이고 닫힌집합임을 증명하시오.

2. 완전유계인 거리공간 (X, d)는 유계임을 증명하시오. (거리공간 (X, d)가 유계라 함은 양의 실수 M이 존재하여 모든 $x, y \in X$에 대하여 $d(x, y) < M$임을 뜻한다.)

3. $\mathbb{R}$의 유클리드 거리 d에 대하여 $d_1 = \min\{1, d(x, y)\}$이라 정의하자. 그러면 분명히 d_1은 $\mathbb{R}$ 위의 유계거리이다. 거리공간 $(\mathbb{R}, d_1)$가 완전유계가 아님을 증명하시오.

4. 완전유계 거리공간의 모든 부분집합이 완전유계임을 증명하시오.

5. 완전유계 거리공간은 가분임을 증명하시오.

6. 컴팩트가 아닌 유계 거리공간의 예를 하나 드시오.

7. $\mathcal{F} = \{C_i \mid i \in I\}$가 위상공간 $(X, \mathcal{T})$에서 닫혀있는 컴팩트 부분집합들의 모임이라 하자. $\cap F$가 컴팩트임을 증명하시오.

8. 모든 이산공간 $(X, \mathcal{D})$는 Bolzano-Weierstrass 성질을 만족하지 않음을 증명하시오.

9. 모든 정수들의 집합 $\mathbb{Z}$에 대하여 $\mathcal{B} = \{\{2n, 2n+1\} \mid n \in \mathbb{Z}\}$라 하자. 그러면 $\mathcal{B}$는 $\mathbb{Z}$ 위의 한 위상 $\mathcal{T}$에 대한 기저이다. $(\mathbb{Z}, \mathcal{T})$가 Bolzano-Weierstrass 성질을 만족함을 증명하시오.

10. 위 연습문제 5.2.8과 연습문제 5.2.9를 이용하여 Bolzano-Weierstrass 성질을 갖는 위상공간의 연속인 상이 Bolzano-Weierstrass 성질을 만족할 필요가 없는 보기를 하나 드시오.

11. Bolzano-Weierstrass 성질은 위상적 성질임을 증명하시오.

5.3 국소컴팩트성

이 절에서는 국소컴팩트 공간의 정의와 그 주요 성질들을 살펴보고, 다양한 보기를 통해 이 개념이 위상수학에서 차지하는 중요성을 탐구할 것이다. 컴팩트 공간이 아닌 공간에서도 각 점 근처에서 컴팩트 성질을 갖는 것이 국소컴팩트이다.

정의 5.3.1. $p \in X$가 위상공간 $(X, \mathcal{T})$의 한 점이라 하자. p의 컴팩트 근방이 존재할 때, 즉, X의 열린집합 U와 컴팩트 집합 C가 존재하여 $p \in U \subseteq C$를 만족할 때, $(X, \mathcal{T})$는 **점 p에서 국소컴팩트(locally compact at a point p)**라 한다. 그리고 $(X, \mathcal{T})$의 모든 점에서 국소컴팩트일 때, $(X, \mathcal{T})$는 **국소컴팩트(locally compact)**라 한다.

주목 5.3.2. C가 점 p의 근방일 필요충분조건은 $p \in int(C) \subseteq C$이므로 다음은 동치이다:

(a) $(X, \mathcal{T})$가 점 p에서 국소컴팩트이다.

(c) $p \in int(C) \subseteq C$를 만족하는 X의 컴팩트 부분집합 C가 존재한다.

보기 5.3.3. (a) 모든 이산공간은 국소컴팩트이다.

(b) 유클리드 공간 $\mathbb{R}$은 국소컴팩트이다.

풀이 (a) $(X, \mathcal{D})$가 이산공간이고 임의의 점 $p \in X$에 대하여 $C = U = \{p\}$이라 하자. 그러면 $U \in \mathcal{D}$이고 C는 단집합이므로 컴팩트이다. 따라서 $(X, \mathcal{D})$는 국소컴팩트이다.

(b) 유클리드 공간 $\mathbb{R}$의 임의의 점 $p \in \mathbb{R}$에 대하여, $C = [p-1, p+1]$이라 하자. 그러면 C는 컴팩트이고, $p \in int(C) \subseteq C$이다. 따라서 $\mathbb{R}$은 국소컴팩트이다. □

보기 5.3.4. (a) 유클리드 공간 $\mathbb{R}$의 부분공간 $\mathbb{Q}$는 모든 점에서 국소컴팩트가 아니다.

(b) 하극한 위상공간 $(\mathbb{R}, \mathcal{T}_l)$은 모든 점에서 국소컴팩트가 아니다.

풀이 (a) $\mathbb{Q}$의 한 점 q에서 국소컴팩트라 가정하자. 그러면 q를 포함하는 $\mathbb{Q}$의 컴팩트 부분집합 C가 존재한다. C는 역시 $\mathbb{R}$의 컴팩트 부분집합이므로 정리 5.1.13에 의해 반드시 어떤 무리수 p를 포함한다. 이것은 $C \subseteq \mathbb{Q}$에 모순이므로 $\mathbb{Q}$는 모든 점에서 국소컴팩트가 아니다.

(b) 하극한 위상공간 $(\mathbb{R}, \mathcal{T}_l)$의 한 점 p에서 국소컴팩트라 가정하자. 그러면 p를 포함하는 컴팩트 근방 C가 존재하고 $p \in [p, p+\varepsilon) \subseteq C$를 만족하는 양수 ε이 존재한다. 그리고 $[p, p+\varepsilon)$는 컴팩트 공간 C의 닫힌 부분집합이므로 컴팩트이다. 그러나 이것은 모순이다. 그러므로 하극한 위상공간 $(\mathbb{R}, \mathcal{T}_l)$은 모든 점에서 국소컴팩트가 아니다. □

보기 5.3.5. $X = \{\langle x, y\rangle \in \mathbb{R}^2 \mid y \geq 0\}$이고 $p = \langle a, b\rangle \in X$라 하자. $b > 0$이면, $0 < r < b$인 r에 대하여

$$U(p, r) = \{\langle x, y\rangle \in X \mid (x-a)^2 + (y-b)^2 < r^2\}$$

이라 하고, $b = 0$이면, $r > 0$에 대하여

$$V(p, r) = \{\langle x, y\rangle \in X \mid (x-a)^2 + (y-r)^2 < r^2\}$$

이라 하자. 그러면

$$\mathcal{B} = \{U(p,r) \mid p = \langle a, b\rangle, b > 0, 0 < r < b\} \cup \{V(p,r) \mid p = \langle a, 0\rangle, r > 0\}$$

는 X 위의 어떤 위상 $\mathcal{T}$에 대한 기저이다. 이 위상공간 $(X, \mathcal{T})$을 **Moore 평면(Moore plane)**이라 부른다. Moore 평면 $(X, \mathcal{T})$는 $b > 0$인 각 점 $p = \langle a, b\rangle$에서 국소컴팩트이고, 각 점 $p = \langle a, 0\rangle$에서 국소컴팩트가 아니다.

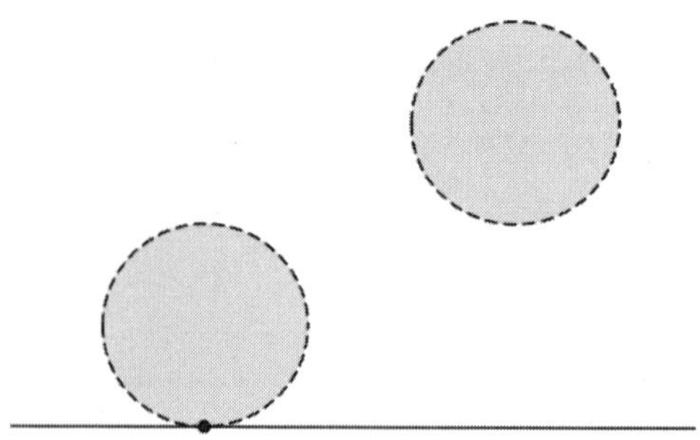

그림 5.3.1

풀이 Moore 평면이 하우스도르프인 것은 쉽게 증명할 수 있다(연습문제).

$b > 0$인 점 $p = \langle a, b\rangle$에 대해서 $C = \overline{U(p,r)}$라 하자. 그러면 C는 컴팩트이고 $p \in U(p,r) \subseteq C$이다. 그러므로 $(X, \mathcal{T})$는 점 p에서 국소컴팩트이다.

점 $p = \langle a, 0\rangle$에서 국소컴팩트라고 가정하자. 그러면 $p \in V(p,r) \subseteq C$를 만족하는 컴팩트 집합 C와 열린집합 $V(p,r)$이 존재한다. 또한 $\overline{V(p,r)}$는 C의 컴팩트 부분집합이다. Moore 평면은 하우스도르프 공간이기 때문에, $A = \overline{V(p,r)}$는 닫힌집합이다. 그리고 A의 경계 $bdy(A)$ 역시 C의 닫힌집합이므로 $bdy(A)$는 컴팩트이다. 그러나

$$bdy(A) = \{\langle x, y\rangle \in X \mid (x-a)^2 + (y-r)^2 = r^2\} - \{\langle a, 0\rangle\}$$

이기 때문에, $bdy(A)$는 유클리드 공간 $\mathbb{R}^2$의 부분집합으로서 컴팩트가 아니다. 이것은 모순이다. 따라서 $(X, \mathcal{T})$는 점 $p = \langle a, 0\rangle$에서 국소컴팩트가 아니다. □

정리 5.3.6. 모든 컴팩트 공간은 국소컴팩트이다.

증명 $(X, \mathcal{T})$가 컴팩트 공간이라 하자. 임의의 점 $p \in X$에 대하여, $C = U = X$로 놓으면 국소컴팩트임을 알 수 있다. □

정리 5.3.7. 하우스도르프 공간 $(X, \mathcal{T})$가 국소컴팩트일 필요충분조건은 각 점 $p \in X$에 대하여, $\overline{U}$가 컴팩트인 p의 열린 근방 U가 존재한다.

증명 $(\Rightarrow)$ 하우스도르프 공간 $(X, \mathcal{T})$가 국소컴팩트라 가정하고 $p \in X$라 하자. 그러면 $p \in int(C) \subseteq C$를 만족하는 컴팩트 부분집합 C가 존재한다. $U = int(C)$로 놓으면, X가 하우스도르프이기 때문에, C는 X의 닫힌 부분집합이고 $\overline{U} \subseteq \overline{C} = C$이다. 또한 $\overline{U}$는 컴팩트 부분공간 C의 닫힌 부분집합이므로 컴팩트이다.

$(\Leftarrow)$ 이것은 국소컴팩트의 정의에 의해 성립한다. □

정리 5.3.8. 하우스도르프 공간 $(X, \mathcal{T})$가 국소컴팩트일 필요충분조건은 임의의 점 $p \in X$의 임의의 열린 근방 U에 대하여,

$$\overline{V} \subseteq U\text{이고 } \overline{V}\text{가 컴팩트}$$

인 p의 열린 근방 V가 존재한다.

증명 (⇒) $\mathcal{B}$가 위상 $\mathcal{T}$에 대한 기저이고, $p \in X$이고 U가 p의 임의의 열린 근방이라 하자. 정리 5.3.7에 의해 $\overline{O}$가 컴팩트인 p의 열린 근방 O가 존재한다.

$$\mathcal{B}_p = \{B \in \mathcal{B} \mid p \in B \subseteq U \cap O\}$$

와

$$\mathcal{C} = \{\overline{B} \mid B \in \mathcal{B}_p\}$$

를 생각하자. 그러면 $\mathcal{C}$는 컴팩트 공간 $\overline{O}$의 닫힌 부분집합들로 이루어진 집합족이다. X는 하우스도르프 공간이기 때문에, 정리 6.1.10에 의해 $\cap\mathcal{C} = \{p\} \subseteq U \cap O$이다. 따라서 정리 5.1.21에 의해 $\mathcal{C}$의 유한 부분집합족 $\mathcal{C}'$이 존재하여

$$\varnothing \neq \cap\mathcal{C}' \subseteq U \cap O$$

을 만족한다. $\mathcal{B}' = \{B \in \mathcal{B}_p \mid \overline{B} \in \mathcal{C}'\}$이고 $V = \cap\mathcal{B}'$이라 하자. 그러면 V는 p의 열린 근방이고

$$\overline{V} \subseteq \cap\mathcal{C}' \subseteq U \cap O \subseteq U$$

을 만족한다. $\overline{V} \subseteq \overline{O}$이고 $\overline{O}$가 컴팩트이므로 $\overline{V}$는 컴팩트이다.

(⇐) $U = X$라 놓으면 정리 5.3.7에 의해 성립한다. □

정리 5.3.9. 하우스도르프 공간 $(X, \mathcal{T})$가 국소컴팩트이고 A가 X의 컴팩트 부분집합이라 하자. 그러면 $A \subseteq U$인 임의의 열린집합 U에 대하여

$$A \subseteq V \subseteq \overline{V} \subseteq U$$

을 만족하는 열린집합 V가 존재한다.

증명 정리 5.3.8에 의해, 각 점 $p \in A$에 대하여

$$\overline{V_p} \subseteq U\text{이고 } \overline{V_p}\text{가 컴팩트}$$

인 p의 열린 근방 V_p가 존재한다. $A \subseteq \cup\{V_p \mid p \in A\}$이고 A가 컴팩트이므로

$$A \subseteq \cup\{V_p \mid p \in F\}$$

을 만족하는 유한 부분집합 $F \subseteq A$가 존재한다. $V = \bigcup_{p\in F} V_p$라 놓으면 V는 X의 열린집합이고 $A \subseteq V$이다. 또한 $\overline{V} = \bigcup_{p\in F} \overline{V_p} \subseteq U$이고 각 $p \in F$에 대하여 $\overline{V_p}$는 컴팩트이므로 $\overline{V}$는 컴팩트이다. □

정리 5.3.10. 하우스도르프 공간 $(X, \mathcal{T})$가 국소컴팩트이고 $(A, \mathcal{T}_A)$가 $(X, \mathcal{T})$의 닫힌 부분공간이라 하자. 그러면 $(A, \mathcal{T}_A)$는 국소컴팩트이다.

증명 $p \in A$라 하자. 정리 5.3.7에 의해 $cl_X(U)$가 컴팩트이고 $p \in U$인 X의 열린 부분집합 U가 존재한다. $V = U \cap A$라 놓으면 $p \in V$이고 V는 부분공간 A의 열린 부분집합이다. 그리고 $cl_X(V)$는 컴팩트 공간 $cl_X(U)$의 닫힌 부분집합이므로, $cl_X(V)$는 컴팩트이다. $cl_X(V) \subseteq cl_X(A) = A$이므로 $cl_A(V) = cl_X(V) \cap A = cl_X(V)$이다. 즉, $cl_X(V)$는 A의 닫힌 부분집합으로서 컴팩트이다. 그러므로 $(A, \mathcal{T}_A)$는 국소컴팩트이다. □

다음은 국소컴팩트 공간의 연속인 상이 국소컴팩트일 필요가 없다는 것을 보여준다.

보기 5.3.11. 모든 유리수들의 집합 $\mathbb{Q}$ 위에 이산위상 $\mathcal{D}$과 유클리드 위상 $\mathcal{T}$를 생각하자. 함수 $f : (\mathbb{Q}, \mathcal{D}) \to (\mathbb{Q}, \mathcal{T})$를 모든 $x \in \mathbb{Q}$에 대하여 $f(x) = x$라 정의하자. 그러면 f의 정의역이 이산공간이므로 f는 연속이다. 보기 5.3.3에 의해 이산공간 $(\mathbb{Q}, \mathcal{D})$는 국소컴팩트이다. 그러나 보기 5.3.4에 의해 $(\mathbb{Q}, \mathcal{T})$는 국소컴팩트가 아니다.

정리 5.3.12. 국소컴팩트 공간 $(X, \mathcal{T})$와 위상공간 $(Y, \mathcal{U})$에 대하여, 전사함수 $f : (X, \mathcal{T}) \to (Y, \mathcal{U})$가 연속이고 열린함수라 하자. 그러면 $(Y, \mathcal{U})$는 국소컴팩트이다.

증명 $p \in Y$라 하자. f가 전사이므로 $f(x) = p$인 $x \in X$가 존재한다. X가 국소컴팩트이므로 $x \in int(K) \subseteq K$인 X의 컴팩트 부분집합 K가 존재한다. $U = f(int(K))$, $C = f(K)$라 놓자. 컴팩트 공간의 연속인 상은 컴팩트이므로, C는 Y의 컴팩트 부분집합이다. 또한 f가 열린함수이므로 U는 Y의 열린 부분집합이다. 그리고 $p \in U \subseteq C$이다. 그러므로 $(Y, \mathcal{U})$는 국소컴팩트이다. □

컴팩트가 아닌 위상공간에 적절한 점들을 추가하여 컴팩트화하는 다양한 방법이 있지만 여기에서는 한 점만 추가하여 컴팩트화하는 방법에 대해서 살펴보겠다.

정의 5.3.13. $(A, \mathcal{T})$가 컴팩트가 아닌 위상공간이고 $p \notin A$에 대하여 $X = A \cup \{p\}$라 하자. 그러면

$$\mathcal{U} = \mathcal{T} \cup \{U \subseteq X \mid X - U\text{는 } A\text{의 컴팩트이고 닫힌 부분집합이다}\}$$

는 X 위의 위상이다. 이 위상공간 $(X, \mathcal{U})$를 X의 **한점 컴팩트화(one point compactification)**라 한다.

증명 $\mathcal{U}$가 X 위의 위상임을 보이기 전에, $U \subseteq X$에 대하여 $X - U$가 A의 닫힌 부분집합이면, $A - U = A - (U - \{p\}) = X - U$이므로 $A - U$ 역시 A의 닫힌 부분집합이고 $U - \{p\} \in \mathcal{T}$임을 주목하자.

(a) $\varnothing \in \mathcal{T}$이고 $\mathcal{T} \subseteq \mathcal{U}$이므로, $\varnothing \in \mathcal{U}$이다. 그리고 $X - X = \varnothing$은 컴팩트이고 A의 닫힌 부분집합이므로 $X \in \mathcal{U}$이다.

(b) 이제 $\mathcal{V} \subseteq \mathcal{U}$이라 하자. 만약 $\mathcal{V} \subseteq \mathcal{T}$이면, $\mathcal{T}$는 A 위의 위상이므로 $\cup\mathcal{V} \in \mathcal{T} \subseteq \mathcal{U}$이다.

$V_0 \in \mathcal{V} - \mathcal{T}$가 존재한다고 하자. 그러면, $p \in V_0$이고 $X - V_0$는 A의 컴팩트 부분집합이다. 그리고 $X - \cup\mathcal{V} \subseteq X - V_0$이다. $V \in \mathcal{T}$인 경우는 명백히 $A - V$는 A의 닫힌 부분집합이므로 $X - \cup\mathcal{V}$는 A의 닫힌 부분집합이다. 따라서 $X - \cup\mathcal{V}$는 A의 컴팩트 부분집합이다. 그러므로 $\cup\mathcal{V} \in \mathcal{U}$이다.

(c) 마지막으로 $U, V \in \mathcal{U}$라 하자. $U, V \in \mathcal{T}$이면 명백히 $U \cap V \in \mathcal{T} \subseteq \mathcal{U}$이다. 만약 $U \notin \mathcal{T}$이고 $V \notin \mathcal{T}$이면 $X - U$와 $X - V$는 A의 컴팩트이고 닫힌 부분집합이다. $X - (U \cap V) = (X - U) \cup (X - V)$이므로 $X - (U \cap V)$ 역시 A의 컴팩트이고 닫힌 부분집합이다. 따라서 $U \cap V \in \mathcal{U}$이다. 만약 $U \notin \mathcal{T}$이고 $V \in \mathcal{T}$ 이면, $p \in U$이고 $p \notin V$이므로 $U \cap V = (U - \{p\}) \cap V$이다. 위 주목에 의해 $U - \{p\} \in \mathcal{T}$, $V \in \mathcal{T}$이므로 $U \cap V \in \mathcal{T} \subseteq \mathcal{U}$이다.

그러므로 $\mathcal{U}$는 X 위의 위상이다. □

다음 정리는 위 위상공간 $(X, \mathcal{U})$을 한점 컴팩트라고 명명한 이유를 말해준다.

정리 5.3.14. 정의 5.3.13에서 정의된 위상공간 $(X, \mathcal{U})$는 컴팩트이다.

증명 $\mathcal{V}$가 X의 열린덮개라 하자. 그러면 $p \in U_p$를 만족하는 $U_p \in \mathcal{V}$가 존재한다. $X - U_p$는 A의 컴팩트 부분집합이다. 분명히 A는 X의 부분공간이므로 $X - U_p$는 X의 컴팩트 부분집합이다. $\mathcal{V}$는 $X - U_p$의 열린덮개이기 때문에, 유한 부분덮개 $\mathcal{F}$가 존재한다. 즉, $X - U_p \subseteq \cup\mathcal{F}$이다. 따라서 $X = U_p \cup (X - U_p) \subseteq U_p \cup (\bigcup \mathcal{F})$이다. 그러므로 X는 컴팩트이다. □

정리 5.3.15. $p \notin A$에 대하여 $X = A \cup \{p\}$이고 컴팩트가 아닌 위상공간 $(A, \mathcal{T})$의 한점 컴팩트화를 $(X, \mathcal{U})$라 하자. 그러면 다음은 동치이다:

(a) $(A, \mathcal{T})$는 국소컴팩트인 하우스도르프 공간이다.

(b) $(X, \mathcal{U})$는 하우스도르프 공간이다.

증명 (a) ⇒ (b) $(A, \mathcal{T})$가 국소컴팩트인 하우스도르프 공간이라 가정하자. 임의의 서로 다른 두 점 $x, y \in X$에 대하여 $x, y \in A$이면 서로소인 $U, V \in \mathcal{T}$가 존재하여 $x \in U$, $y \in V$을 만족한다. $\mathcal{T} \subseteq \mathcal{U}$이므로 $U, V \in \mathcal{U}$이다.

이제 $x \in A$이고 $y = p$라 하자. $(A, \mathcal{T})$는 국소컴팩트인 하우스도르프 공간이므로, 정리 5.3.7에 의해

$$x \in U\text{이고 } cl_A(U)\text{가 컴팩트}$$

인 $U \in \mathcal{T}$가 존재한다. $V = X - cl_A(U)$로 놓으면 $p \in V \in \mathcal{U}$이다. $U \cap V = \varnothing$이므로, $(X, \mathcal{U})$는 하우스도르프 공간이다.

(b) ⇒ (a) $(X, \mathcal{U})$는 하우스도르프 공간이라 가정하자. $(A, \mathcal{T})$는 $(X, \mathcal{U})$의 부분공간이므로 $(A, \mathcal{T})$는 하우스도르프 공간이다. 이제 $(A, \mathcal{T})$가 국소컴팩트임을 보이기 위해 $x \in A$라 하자. $(X, \mathcal{U})$가 하우스도르프 공간이므로,

$$x \in U, \quad p \in V, \quad U \cap V = \varnothing$$

을 만족하는 $U, V \in \mathcal{U}$가 존재한다. $U \subseteq X - V$이고 $X - V$는 A의 닫힌 부분집합이므로, $cl_A(U) \subseteq X - V$이다. 결국, $cl_A(U)$는 컴팩트 공간 $X - V$의 닫힌 부분집합이다. 따라서 $cl_A(U)$는 컴팩트이다. 그러므로 $(A, \mathcal{T})$는 국소컴팩트이다. □

정리 5.3.16. $p \notin A$에 대하여 $X = A \cup \{p\}$이고 컴팩트가 아닌 위상공간 $(A, \mathcal{T})$의 한점 컴팩트화를 $(X, \mathcal{U})$라 하자. 그러면 A는 X의 조밀한 부분집합이다.

증명 A가 X의 조밀한 부분집합이 아니라고 가정하자. 그러면 p를 포함하는 X의 열린집합 U가 존재하여 $A \cap U = \varnothing$을 만족한다. 그런데 $X = A \cup \{p\}$이기 때문에 $U = \{p\}$이다. 그리고 위상 $\mathcal{U}$의 정의에 의해 $X - U = A$는 A의 컴팩트 부분집합이다. 그러나 이것은 A가 컴팩트가 아니라는 가정에 모순이다. 그러므로 A는 X의 조밀한 부분집합이다. □

연습문제 5.3

1. Moore 평면이 하우스도르프 공간임을 증명하시오.

2. $\mathbb{R}$의 부분집합 $A = \{\frac{1}{n} \mid n \in \mathbb{N}\}$에 대하여

$$\mathcal{B} = \{(a, b) \subseteq \mathbb{R} \mid 0 \notin (a, b), a < b\} \cup \{(a, b) - A \subseteq \mathbb{R} \mid a < b\}$$

라 하자. 그러면 $\mathcal{B}$는 $\mathbb{R}$ 위의 어떤 위상 $\mathcal{T}$에 대한 기저이다. 다음을 증명하시오.

   (a) $(\mathbb{R}, \mathcal{T})$는 하우스도르프 공간이다.

   (b) A는 $(\mathbb{R}, \mathcal{T})$의 닫힌 부분집합이다.

   (c) $(\mathbb{R}, \mathcal{T})$는 국소컴팩트가 아니다. [힌트. $0 \in \mathbb{R} - A$임을 이용]

3. $(X, \mathcal{T})$가 국소컴팩트 공간이고 각 $n \in \mathbb{N}$에 대하여 D_n이 X의 열린집합이면서 조밀한 X의 부분집합이라 하자. $\cap_{n \in \mathbb{N}} D_n$이 $(X, \mathcal{T})$의 조밀한 부분집합임을 증명하시오.

4. 하우스도르프 공간 $(X, \mathcal{T})$가 국소컴팩트이고 $(A, \mathcal{T}_A)$가 $(X, \mathcal{T})$의 열린 부분공간이라 하자. $(A, \mathcal{T}_A)$가 국소컴팩트임을 증명하시오.

5. 하우스도르프 공간 $(X, \mathcal{T})$의 부분공간 $(A, \mathcal{T}_A)$가 국소컴팩트 공간이고 A가 X의 조밀한 부분집합이라 하자. A가 $(X, \mathcal{T})$의 열린 부분집합임을 증명하시오.

6. 유클리드 공간의 부분공간인 구간 $(0, 1)$의 한점 컴팩트화가 S^1과 위상동형임을 증명하시오. [따라서, 유클리드 공간 $\mathbb{R}$의 한점 컴팩트화는 S^1과 위상동형이다.]

7. 유클리드 공간의 부분공간인 다음 부분집합들의 한점 컴팩트화를 그림으로 나타내시오.

   (a) $(0, 1)$

   (b) $[0, 1) \cup (2, 3]$

   (c) $(0, 1) \cup (2, 3)$

   (d) $(0, 1] \cup (2, 3)$

8. 컴팩트가 아닌 두 위상공간 $(A, \mathcal{T})$와 $(B, \mathcal{U})$가 위상동형이라 하자. 한점 컴팩트화 역시 위상동형임을 증명하시오.

제 6 장

분리공리

이 장에서는 위상수학에서 '분리' 개념을 다루는 분리공리(Separation Axioms)를 살펴본다. 분리공리는 위상공간에서 점들과 집합들을 열린집합으로 분리하는 방법을 규정하는 조건들로, 공간의 정교한 구조와 성질을 분석하는 데 중요한 역할을 한다. 분리공리는 위상수학에서 중요한 개념들인 컴팩트성, 연결성 등의 성질과 밀접한 관련이 있으며, 다양한 문제 해결에 중요한 도구로 사용된다.

6.1 하우스도르프 공간

T_1-공간과, T_2-공간의 정의는 이미 앞에서 소개하고 몇몇 기본적인 성질들을 알아보았지만, 이 절에서는 위상공간의 분리공리 중 서로 다른 두 점을 열린집합으로 분리하는 개념인 T_0, T_1, T_2-공간을 더욱 심도있게 살펴보고 지금까지 공부한 여러 가지 성질들과 어떤 관계가 있는지 알아보겠다. 그리고 여기서는 다른 분리공리와 구분을 쉽게 하기 위해 '하우스도르프 공간' 대신에 'T_2-공간'으로 표현하겠다.

정의 6.1.1. $(X, \mathcal{T})$가 위상공간이라 하자. 임의의 서로 다른 두 점 $x, y \in X$에 대하여

$$x \in U, y \notin U \quad \text{또는} \quad x \notin U, y \in U$$

을 만족하는 열린집합 U가 존재할 때, $(X, \mathcal{T})$를 **T_0-공간(T_0-space)**이라 한다.

정의 6.1.2. $(X, \mathcal{T})$가 위상공간이라 하자. 임의의 서로 다른 두 점 $x, y \in X$에 대하여

$$x \in U, y \notin U \quad \text{그리고} \quad x \notin V, y \in V$$

을 만족하는 두 열린집합 U, V가 존재할 때, $(X, \mathcal{T})$를 **T_1-공간(T_1-space)**이라 한다.

정의 6.1.3. $(X, \mathcal{T})$가 위상공간이라 하자. 임의의 서로 다른 두 점 $x, y \in X$에 대하여

$$x \in U, \quad y \in V$$

을 만족하는 서로소인 두 열린집합 U, V가 존재할 때, $(X, \mathcal{T})$를 **T_2-공간(T_2-space)** 또는 **하우스도르프 공간(Hausdorff space)**이라 한다.

정리 6.1.4. 임의의 위상공간에 대하여 다음이 성립한다:

(a) 모든 T_1-공간은 T_0-공간이다.

(b) 모든 T_2-공간은 T_1-공간이다.

증명 이 증명은 정의에 의해 명백하므로 생략한다. □

두 점 이상을 갖는 비이산공간 $(X, \mathcal{T})$는 명백히 T_0-공간이 아니다. 왜냐하면 공집합이 아닌 열린집합은 오직 X 뿐이기 때문에 서로 다른 두 점을 어떤 방법으로도 분리할 수 없다. 그리고 다음은 정리 6.1.4의 역이 성립하지 않음을 보여주는 반례이다.

보기 6.1.5. (a) $X = \{a, b\}$이고 $\mathcal{T} = \{\varnothing, X, \{a\}\}$라 하자. 그러면 위상공간 $(X, \mathcal{T})$는 T_0-공간이지만, T_1-공간이 아니다.

(b) 무한집합 X 위에 여유한위상 $\mathcal{T}_f$가 주어져 있다고 하자. 그러면 위상공간 $(X, \mathcal{T}_f)$는 T_1-공간이지만 T_2-공간이 아니다.

풀이 (a) 두 점 $a, b \in X$에 대하여 $U = \{a\}$라 놓자. 그러면 $a \in U$, $b \notin U$이므로 $(X, \mathcal{T})$는 T_0-공간이다. 그러나 b를 포함하고 a를 포함하지 않는 열린집합은 존재하지 않으므로 $(X, \mathcal{T})$

는 T_1-공간이 아니다.

(b) 임의의 서로 다른 두 점 $x, y \in X$에 대하여 $U = X - \{y\}$, $V = X - \{x\}$라 놓자. 그러면 $X - U$와 $X - V$는 X의 유한 부분집합이므로, $U, V \in \mathcal{T}_f$이다. 또한

$$x \in U, y \notin U \quad \text{그리고} \quad x \notin V, y \in V$$

을 만족한다. 그러므로 $(X, \mathcal{T}_f)$는 T_1-공간이다.

이제 $(X, \mathcal{T}_f)$가 T_2-공간이 아님을 모순법으로 증명하겠다. $(X, \mathcal{T}_f)$가 T_2-공간이라 가정하자. 그러면 임의의 서로 다른 두 점 $x, y \in X$에 대하여 $x \in U$, $y \in V$인 서로소인 두 열린집합 U, V가 존재한다. U, V는 공집합이 아니기 때문에, $X - U$, $X - V$는 X의 유한 부분집합이다. 따라서

$$(X - U) \cup (X - V) = X - (U \cap V) = X$$

는 유한집합이다. 이것은 X가 무한집합이라는 사실에 모순이다. 그러므로 $(X, \mathcal{T}_f)$는 T_2-공간이 아니다. □

보기 6.1.6. 유클리드 공간 $(\mathbb{R}, \mathcal{T})$는 T_2-공간이다.

풀이 서로 다른 두 점 $x, y \in \mathbb{R}$에 대하여, $\varepsilon = |x - y|$이라 하자. 그러면 $U = (x - \frac{\varepsilon}{2}, x + \frac{\varepsilon}{2})$와 $V = (y - \frac{\varepsilon}{2}, y + \frac{\varepsilon}{2})$는 서로소이고 $\mathbb{R}$의 열린 부분집합이다. 그리고 $x \in U$, $y \in V$이다. 그러므로 유클리드 공간 $(\mathbb{R}, \mathcal{T})$는 T_2-공간이다. □

정리 6.1.7. 위상공간 $(X, \mathcal{T})$에 대하여 다음은 동치이다:

(a) $(X, \mathcal{T})$는 T_0-공간이다.

(b) 임의의 서로 다른 두 점 $x, y \in X$에 대하여, $x \notin \overline{\{y\}}$ 또는 $y \notin \overline{\{x\}}$이다.

증명 (a) ⇒ (b) $x, y \in X$가 서로 다른 두 점이라 하자. 그러면 일반성을 잃지 않고 $x \in U$, $y \notin U$을 만족하는 열린집합 U가 존재한다고 가정할 수 있다. $U \cap \{y\} = \varnothing$이므로 $x \notin \overline{\{y\}}$이다. 그러므로 (b)가 성립한다.

(b) ⇒ (a) $x, y \in X$가 서로 다른 두 점이라 하자. 그러면 (b)에 의해 $x \notin \overline{\{y\}}$ 또는 $y \notin \overline{\{x\}}$이다. $x \notin \overline{\{y\}}$인 경우, $U \cap \{y\} = \varnothing$을 만족하는 x의 열린 근방 U가 존재한다. 따라서 $x \in U$, $y \notin U$이다. $y \notin \overline{\{x\}}$인 경우도 비슷하게 $y \in U$, $x \notin U$을 만족하는 열린집합 U가 존재한다. 그러므로 $(X, \mathcal{T})$는 T_0-공간이다. □

비슷하게 정리 6.1.7의 (b)에서 '또는'을 '그리고'로 바꾸면 T_1-공간과 동치인 명제를 얻을 수 있다. 또한 다음은 T_1-공간과 동치인 또 다른 형태의 흥미로운 정리이다.

정리 6.1.8. 위상공간 $(X, \mathcal{T})$에 대하여 다음은 동치이다:

(a) $(X, \mathcal{T})$는 T_1-공간이다.

(b) 임의의 점 $x \in X$에 대하여, $\{x\}$는 닫힌집합이다.

(c) X의 임의의 부분집합 A에 대하여, $A = \cap\{U \in \mathcal{T} \mid A \subseteq U\}$이다.

(d) 임의의 점 $x \in X$에 대하여, $\{x\} = \cap\{U \in \mathcal{T} \mid x \in U\}$이다.

증명 (a) $\Rightarrow$ (b) $x \in X$라 하자. 그러면 $(X, \mathcal{T})$가 T_1-공간이므로, $y \in X - \{x\}$에 대하여 $y \in U, x \notin U$인 $U \in \mathcal{T}$가 존재한다. $y \in U \subseteq X - \{x\}$이므로, $X - \{x\} \in \mathcal{T}$이다. 그러므로 $\{x\}$는 X의 닫힌집합이다.

(b) $\Rightarrow$ (c) A가 X의 부분집합이라 하자. 그러면 임의의 점 $x \in X - A$에 대하여 $\{x\}$가 X의 닫힌집합이므로 $X - \{x\}$는 X의 열린집합이고 $A \subseteq X - \{x\}$이다. 또한

$$A = \cap\{X - \{x\} \mid x \in X - A\} \supseteq \cap\{U \in \mathcal{T} \mid A \subseteq U\}$$

이다. 반대포함관계는 명백하므로 $A = \cap\{U \in \mathcal{T} \mid A \subseteq U\}$이 성립한다.

(c) $\Rightarrow$ (d) $A = \{x\}$로 놓으면 성립한다.

(d) $\Rightarrow$ (a) $x, y \in X$가 서로 다른 두 점이라 하자. $\{x\} = \cap\{U \in \mathcal{T} \mid x \in U\}$이므로 $x \in U$, $y \notin U$인 X의 열린집합 U가 존재한다. 그리고 $\{y\} = \cap\{U \in \mathcal{T} \mid y \in U\}$이므로 $y \in V$, $x \notin V$인 X의 열린집합 V가 존재한다. 그러므로 $(X, \mathcal{T})$는 T_1-공간이다. □

주목 6.1.9. 정리 6.1.7과 정리 6.1.8에서 각 명제가 대응하는 분리공리와 동치라는 것을 직접 증명할 수도 있다(연습문제).

정리 6.1.10. 위상공간 $(X, \mathcal{T})$에 대하여 다음은 동치이다:

(a) $(X, \mathcal{T})$는 T_2-공간이다.

(b) 임의의 점 $x \in X$에 대하여, $\{x\} = \cap\{\overline{U} \mid x \in U \in \mathcal{T}\}$이다.

증명 (a) ⇒ (b) $x \in X$라 하자. 그러면 $(X, \mathcal{T})$는 T_2-공간이므로, $y \in X - \{x\}$에 대하여 $x \in U, y \in V$을 만족하는 서로소인 $U, V \in \mathcal{T}$가 존재한다. $U \cap V = \varnothing$이고 V가 X의 열린 부분집합이므로 $\overline{U} \cap V = \varnothing$이다. 따라서 $y \notin \overline{U}$이다. 즉, $y \notin \cap\{\overline{U} \mid x \in U \in \mathcal{T}\}$이다. 그러므로 $x \in X$에 대하여, $\{x\} = \cap\{\overline{U} \mid x \in U \in \mathcal{T}\}$이 성립한다.

(b) ⇒ (a) $x, y \in X$가 서로 다른 두 점이라 하자. 가정 (b)에 의해 $\{x\} = \cap\{\overline{U} \mid x \in U \in \mathcal{T}\}$이므로, $y \notin \overline{U}$이면서 x를 포함하는 열린집합 U가 존재한다. $V = X - \overline{U}$라 하자. 그러면 V는 y를 포함하는 열린집합이고 $U \cap V = \varnothing$이다. 그러므로 $(X, \mathcal{T})$는 T_2-공간이다. □

정리 6.1.11. 각 $i = 0, 1, 2$에 대하여 T_i-공간의 모든 부분공간은 T_i-공간이다.

증명 $i = 2$인 경우만 증명하고 나머지는 연습문제로 남기겠다.

$(A, \mathcal{T}_A)$가 T_2-공간 $(X, \mathcal{T})$의 부분공간이라 가정하자. 임의의 $x, y \in A$에 대하여 $x, y \in X$이므로 $x \in U$, $y \in V$, $U \cap V = \varnothing$을 만족하는 $U, V \in \mathcal{T}$가 존재한다. $U' = U \cap A$, $V' = V \cap A$라 놓자. 그러면 $x \in U'$, $y \in V'$, $U' \cap V' = \varnothing$, 그리고 $U', V' \in \mathcal{T}_A$이다. 그러므로 $(A, \mathcal{T}_A)$는 T_2-공간이다. □

우리는 앞에서 위상적 성질인 연결공간의 연속인 상은 연결공간이고, 컴팩트 공간의 연속인 상은 컴팩트 공간이라는 사실을 알았다. 그리고 정리 3.2.11에서 T_1과 T_2는 위상적 성질임을 보였다. T_0 역시 위상적 성질임을 어렵지 않게 증명할 수 있다.

다음 보기는 각 $i = 0, 1, 2$에 대하여 T_i-공간의 연속인 상이 T_i-공간일 필요는 없다는 것을 보여준다.

보기 6.1.12. $(X, \mathcal{T})$가 T_2-공간이고 $f : (X, \mathcal{T}) \to (Y, \mathcal{U})$가 연속이고 전사이지만, T_0-공간이 아닌 위상공간 $(Y, \mathcal{U})$가 존재한다.

풀이 모든 실수들의 집합 $\mathbb{R}$ 위에 유클리드 위상 $\mathcal{T}$와 비이산위상 $\mathcal{U} = \{\varnothing, \mathbb{R}\}$을 생각하자. 함수 $f : (\mathbb{R}, \mathcal{T}) \to (\mathbb{R}, \mathcal{U})$가 모든 $x \in \mathbb{R}$에 대하여 $f(x) = x$로 정의된다고 하자. 그러면 f는 연속이고 전사이다. 그러나 정의역 $(\mathbb{R}, \mathcal{T})$는 T_2-공간이지만 치역 $(\mathbb{R}, \mathcal{U})$는 T_0-공간이 아니다. 그러므로 각 $i = 0, 1, 2$에 대하여 T_i-공간의 연속인 상이 T_i-공간일 필요는 없다. □

정리 6.1.13. $i = 0, 1, 2$에 대하여 $(X, \mathcal{T})$가 위상공간이고 $(Y, \mathcal{U})$가 T_i-공간이라 하자. 함수 $f : (X, \mathcal{T}) \to (Y, \mathcal{U})$가 연속이고 단사이면, $(X, \mathcal{T})$는 T_i-공간이다.

증명 (a) $i = 1$인 경우: 임의의 점 $x \in X$에 대하여 $f(x) \in Y$이고 $(Y, \mathcal{U})$가 T_1-공간이므로 $\{f(x)\}$는 Y의 닫힌집합이다. 그리고 f가 연속이고 단사이므로, $\{x\} = f^{-1}(\{f(x)\})$는 $(X, \mathcal{T})$의 닫힌집합이다. 그러므로 $(X, \mathcal{T})$는 T_1-공간이다.

(b) $i = 2$인 경우: $x, y \in X$가 서로 다른 두 점이라 하자. f가 단사이므로 $f(x), f(y)$는 Y의 서로 다른 두 점이다. 그리고 $(Y, \mathcal{U})$가 T_2-공간이므로 $f(x) \in U$, $f(y) \in V$, $U \cap V = \varnothing$을 만족하는 $U, V \in \mathcal{U}$가 존재한다. 여기에 f의 연속성을 적용하면, $f^{-1}(U), f^{-1}(V) \in \mathcal{T}$이다. 또한 $x \in f^{-1}(U)$, $y \in f^{-1}(V)$이고

$$f^{-1}(U) \cap f^{-1}(V) = f^{-1}(U \cap V) = f^{-1}(\varnothing) = \varnothing$$

이므로 $(X, \mathcal{T})$는 T_2-공간이다.

(c) $i = 0$인 경우: $i = 2$인 경우와 비슷하게 증명할 수 있다. □

정리 6.1.14. $(X, \mathcal{T})$가 T_1-공간이고 $(Y, \mathcal{U})$가 위상공간이라 하자. 함수 $f : (X, \mathcal{T}) \to (Y, \mathcal{U})$가 전사이면서 닫힌함수이면, $(Y, \mathcal{U})$는 T_1-공간이다.

증명 $y \in Y$라 하자. f는 전사이므로, $f(x) = y$인 $x \in X$가 존재한다. $(X, \mathcal{T})$가 T_1-공간이므로, $\{x\}$는 X의 닫힌 부분집합이다. f가 닫힌함수이므로, $f(\{x\}) = \{f(x)\} = \{y\}$는 Y의 닫힌집합이다. 그러므로 $(Y, \mathcal{U})$는 T_1-공간이다. □

다음 두 보기는 T_0-공간과 T_2-공간의 경우, 닫힌함수에 의한 상이 각각 T_0-공간, T_2-공간일 필요는 없다는 것을 보여준다.

보기 6.1.15. $(X, \mathcal{T})$가 T_0-공간이고 $f : (X, \mathcal{T}) \to (Y, \mathcal{U})$가 전사이면서 닫힌함수이지만, T_0-공간이 아닌 위상공간 $(Y, \mathcal{U})$가 존재한다.

풀이 각 $n \in \mathbb{N}$에 대하여 $U_n = \{1, 2, \cdots, n\}$이고 $\mathcal{T} = \{\mathbb{N}, \varnothing\} \cup \{U_n \mid n \in \mathbb{N}\}$이라 하자. 그러면 $(\mathbb{N}, \mathcal{T})$는 T_0-공간이다. 이제 $Y = \{0, 1\}$ 위에 비이산위상 $\mathcal{U} = \{\varnothing, Y\}$를 주고, 함수

$f : (\mathbb{N}, \mathcal{T}) \to (Y, \mathcal{U})$를

$$f(n) = \begin{cases} 1, & n\text{은 홀수} \\ 0, & n\text{은 짝수} \end{cases}$$

로 정의하자. 그러면 f는 닫힌함수이다. 더욱이 f는 연속함수이다. 그러나 비이산공간 $(Y, \mathcal{U})$는 T_0-공간이 아니다. □

보기 6.1.16. $(X, \mathcal{T})$가 T_2-공간이고 $f : (X, \mathcal{T}) \to (Y, \mathcal{U})$가 전사이면서 닫힌함수이지만, T_2-공간이 아닌 위상공간 $(Y, \mathcal{U})$가 존재한다.

풀이 $(\mathbb{R}, \mathcal{T})$가 유클리드 공간, $A = \{\frac{1}{n} \mid n \in \mathbb{N}\}$, $Y = (\mathbb{R} - A) \cup \{p\}$, $p \notin \mathbb{R}$이라 하자. 그리고 함수 $f : (\mathbb{R}, \mathcal{T}) \to Y$를

$$f(x) = \begin{cases} x, & x \in \mathbb{R} - A \\ p, & x \in A \end{cases}$$

로 정의하자. 이제 Y의 부분집합족

$$\mathcal{U} = \{U \subseteq Y \mid f^{-1}(U) \in \mathcal{T}\}$$

를 생각하자. 그러면 $\mathcal{U}$는 Y 위의 위상이다. 그리고 $(\mathbb{R}, \mathcal{T})$는 T_2-공간이고 f는 전사이고 닫힌함수이다(연습문제). 더욱이 f는 연속함수이다. 그러나 $(Y, \mathcal{U})$는 T_2-공간이 아니다. □

연습문제 6.1

1. 하극한 위상공간 $(\mathbb{R}, \mathcal{T}_l)$이 T_2-공간임을 증명하시오.

2. 모든 실수들의 집합 $\mathbb{R}$ 위의 위상

$$\mathcal{T} = \{\varnothing, \mathbb{R}\} \cup \{(-a, a) \mid a \in \mathbb{R}\}$$

에 대하여, $(\mathbb{R}, \mathcal{T})$가 T_0-공간이고 T_1-공간이 아님을 증명하시오.

3. $\mathbb{N}$이 양의 정수들의 집합이고 각 $n \in \mathbb{N}$에 대하여 $U_n = \{1, 2, \cdots, n\}$이라 하자. 그리고 위상 $\mathcal{T}$가 다음과 같이 주어져 있다고 하자.

$$\mathcal{T} = \{\varnothing, \mathbb{N}\} \cup \{U_n \mid n \in \mathbb{N}\}$$

$(\mathbb{N}, \mathcal{T})$가 T_0-공간이고 T_1-공간이 아님을 증명하시오.

4. 비가산집합 X 위에 여가산위상 $\mathcal{T}_c$가 주어져 있다고 하자. $(X, \mathcal{T}_c)$가 T_1-공간이고 T_2-공간이 아님을 증명하시오.

5. 여유한 위상공간 $(X, \mathcal{T}_f)$가 T_2-공간이면 $\mathcal{T}_f$가 이산위상임을 증명하시오.

6. 정리 6.1.8의 명제 (a)~(d)에 대하여, 다음이 성립함을 각각 증명하시오.

   (a) (b) $\Rightarrow$ (a)

   (b) (a) $\Leftrightarrow$ (c)

   (c) (a) $\Rightarrow$ (d)

7. T_1-공간의 모든 부분공간이 T_1-공간임을 증명하시오.

8. T_0-공간의 모든 부분공간이 T_0-공간임을 증명하시오.

9. 분리공리 T_0가 위상적 성질임을 증명하시오.

10. $(X, \mathcal{T})$가 위상공간이고 $(Y, \mathcal{U})$가 T_0-공간이라 하자. 함수 $f : (X, \mathcal{T}) \to (Y, \mathcal{U})$가 연속이고 단사일 때, $(X, \mathcal{T})$가 T_0-공간임을 증명하시오.

11. 보기 6.1.15에 주어진 예제에 대하여 다음을 증명하시오.

    (a) $(\mathbb{N}, \mathcal{T})$는 T_0-공간이다.

    (b) $f : (\mathbb{N}, \mathcal{T}) \to (Y, \mathcal{U})$는 연속함수이다.

    (c) $f : (\mathbb{N}, \mathcal{T}) \to (Y, \mathcal{U})$는 닫힌함수이다.

12. 보기 6.1.16에 주어진 예제에 대하여 다음을 증명하시오.

    (a) $(Y, \mathcal{U})$는 T_2-공간이 아니다.

    (b) $f : (\mathbb{R}, \mathcal{T}) \to (Y, \mathcal{U})$는 연속함수이다.

    (c) $f : (\mathbb{R}, \mathcal{T}) \to (Y, \mathcal{U})$는 닫힌함수이다.

6.2 정칙공간과 정규공간

이 절에서는 점과 닫힌집합 또는 두 닫힌집합을 열린집합으로 분리하는 개념인 T_3-공간과 T_4-공간을 살펴보겠다.

정의 6.2.1. $(X, \mathcal{T})$가 위상공간이라 하자. X의 임의의 닫힌 부분집합 A와 임의의 점 $x \in X - A$에 대하여

$$x \in U, \qquad A \subseteq V$$

을 만족하는 서로소인 두 열린집합 U, V가 존재할 때, $(X, \mathcal{T})$를 **정칙공간(regular space)**이라 한다. 그리고 정칙인 T_1-공간을 **T_3-공간(T_3-space)**이라 한다.

정의 6.2.2. $(X, \mathcal{T})$가 위상공간이라 하자. X의 임의의 서로소인 닫힌 부분집합 A, B에 대하여

$$A \subseteq U, \qquad B \subseteq V$$

을 만족하는 서로소인 두 열린집합 U, V가 존재할 때, $(X, \mathcal{T})$를 **정규공간(normal space)**이라 한다. 그리고 정규인 T_1-공간을 **T_4-공간(T_4-space)**이라 한다.

주목 6.2.3. 저자에 따라서 분리공리인 T_1을 가정한 상태에서 정칙공간과 정규공간을 정의하고, 정칙공간과 정규공간을 각각 T_3-공간과 T_4-공간으로 명명하는 경우도 있다.

정리 6.2.4. 임의의 위상공간에 대하여 다음이 성립한다:

(a) 모든 T_3-공간은 T_2-공간이다.

(b) 모든 T_4-공간은 T_3-공간이다.

증명 (a) $(X, \mathcal{T})$가 T_3-공간이고 $x, y \in X$가 임의의 서로 다른 두 점이라 하자. $(X, \mathcal{T})$는 T_1-공간이므로 $\{y\}$는 X의 닫힌 부분집합이고, $x \notin \{y\}$이다. 그리고 $(X, \mathcal{T})$는 정칙공간이므로,

$$x \in U, \qquad \{y\} \subseteq V$$

을 만족하는 서로소인 $U, V \in \mathcal{T}$가 존재한다. $x \in U, y \in V$이므로, $(X, \mathcal{T})$는 T_2-공간이다.

(b) (a)와 비슷하게 증명할 수 있으므로 독자에게 맡긴다(연습문제). □

정리 6.2.5. 임의의 위상공간에 대하여 다음은 동치이다:

(a) $(X, \mathcal{T})$가 정칙공간이다.

(b) $(X, \mathcal{T})$의 임의의 점 $x \in X$와 x의 임의의 열린 근방 U에 대하여

$$x \in V \subseteq \overline{V} \subseteq U$$

을 만족하는 $V \in \mathcal{T}$가 존재한다.

증명 (a) ⇒ (b) $(X, \mathcal{T})$가 정칙공간이라 가정하고, $x \in U \in \mathcal{T}$라 하자. 그러면 $X - U$는 X의 닫힌 부분집합이고 $x \notin X - U$이다. $(X, \mathcal{T})$가 정칙공간이므로, $x \in V$, $X - U \subseteq W$를 만족하는 서로소인 $V, W \in \mathcal{T}$가 존재한다. 따라서 $x \in V \subseteq X - W \subseteq U$이다. 그러므로 $x \in V \subseteq \overline{V} \subseteq \overline{X - W} = X - W \subseteq U$이다.

(b) ⇒ (a) A가 X의 닫힌 부분집합이고 $x \in X - A$라 하자. $X - A \in \mathcal{T}$이므로, 가정 (b)에 의해 $x \in U \subseteq \overline{U} \subseteq X - A$를 만족하는 $U \in \mathcal{T}$가 존재한다. $V = X - \overline{U}$라 놓으면, U, V는 서로소인 열린집합이고 $x \in U$, $A \subseteq V$이다. 그러므로 $(X, \mathcal{T})$는 정칙공간이다. □

정리 6.2.6. 임의의 위상공간에 대하여 다음은 동치이다:

(a) $(X, \mathcal{T})$가 정규공간이다.

(b) $(X, \mathcal{T})$의 임의의 닫힌 부분집합 A와 $A \subseteq U$인 임의의 $U \in \mathcal{T}$에 대하여

$$A \subseteq V \subseteq \overline{V} \subseteq U$$

를 만족하는 $V \in \mathcal{T}$가 존재한다.

증명 (a) ⇒ (b) $(X, \mathcal{T})$가 정규공간, A가 X의 닫힌 부분집합, $U \in \mathcal{T}$가 $A \subseteq U$를 만족한다고 가정하자. 그러면 A와 $X - U$는 X의 서로소인 닫힌 부분집합이다. $(X, \mathcal{T})$가 정규공간이므로, $A \subseteq V$, $X - U \subseteq W$를 만족하는 서로소인 $V, W \in \mathcal{T}$가 존재한다. 따라서 $A \subseteq V \subseteq X - W \subseteq U$이다. 그러므로 $A \subseteq V \subseteq \overline{V} \subseteq \overline{X - W} = X - W \subseteq U$이다.

(b) ⇒ (a) A, B가 X의 서로소인 닫힌 부분집합이라 하자. $B \subseteq X - A$이므로, 가정 (b)

에 의해

$$B \subseteq V \subseteq \overline{V} \subseteq X - A$$

를 만족하는 $V \in \mathcal{T}$가 존재한다. $U = X - \overline{V}$라 놓으면 U, V는 서로소인 열린집합이고, $A \subseteq U$, $B \subseteq V$이다. 그러므로 $(X, \mathcal{T})$는 정규공간이다. □

위상공간 $(X, \mathcal{T})$의 부분집합 A의 모든 점 $x \in A$에 대하여 $U \cap A = \{x\}$을 만족하는 $U \in \mathcal{T}$가 존재할 때, A를 X에서 **상대적 이산(relatively discrete in X)**이라 한다.

정리 6.2.7. $(X, \mathcal{T})$가 정규공간이고 $\overline{D} = X$라 하자. 만약 부분집합 A가 X에서 상대적 이산이고 닫힌집합이면, $|A| < |\mathcal{P}(D)|$이다.

증명 $(X, \mathcal{T})$가 정규라 하자. 먼저 A의 모든 부분집합이 X의 닫힌 부분집합임을 보이겠다. $S \subseteq A$라 하자. 부분위상 $\mathcal{T}_A$는 이산위상이기 때문에, S는 A의 닫힌 부분집합이다. 따라서 $S = F \cap A$을 만족하는 X의 닫힌 부분집합 F가 존재한다. A가 X의 닫힌 부분집합이므로 $S = F \cap A$는 X의 닫힌 부분집합이다. 따라서 A의 모든 부분집합은 X의 닫힌 부분집합이다.

A의 모든 부분집합 S에 대하여 S와 $A - S$는 X의 닫힌 부분집합이면서 서로소이다. 따라서 $X - (A - S)$는 S를 포함하는 X의 열린 부분집합이다. $(X, \mathcal{T})$가 정규공간이기 때문에, 정리 6.2.6에 의해

$$(*) \qquad S \subseteq U_S \subseteq \overline{U_S} \subseteq X - (A - S) = (X - A) \cup S$$

을 만족하는 $U_S \in \mathcal{T}$가 존재한다. 함수 $\Phi : \mathcal{P}(A) \to \mathcal{P}(D)$를

$$\Phi(S) = U_S \cap D, \qquad S \in \mathcal{P}(A)$$

로 정의하자. Φ가 단사임을 보이기 위해, $S_1, S_2 \in \mathcal{P}(A)$가 $\Phi(S_1) = \Phi(S_2)$을 만족한다고 가정하자. 그러면 $\overline{U_{S_1} \cap D} = \overline{U_{S_2} \cap D}$이다. D가 X에서 조밀하므로

$$\overline{U_{S_1}} = \overline{U_{S_1} \cap D} = \overline{U_{S_2} \cap D} = \overline{U_{S_2}}$$

이 성립한다. 그리고 $(*)$에 의해

$$S_1 \subseteq \overline{U_{S_1}} = \overline{U_{S_2}} \subseteq (X - A) \cup S_2 \Rightarrow S_1 \subseteq S_2$$

와

$$S_2 \subseteq \overline{U_{S_2}} = \overline{U_{S_1}} \subseteq (X - A) \cup S_1 \Rightarrow S_2 \subseteq S_1$$

이 성립한다. 따라서 $S_1 = S_2$ 즉, Φ는 단사이다. 그러므로 $|A| < |\mathcal{P}(A)| \leq |\mathcal{P}(D)|$이다. □

보기 6.2.8. $\mathbb{R}$의 부분집합 $A = \{\frac{1}{n} \mid n \in \mathbb{N}\}$에 대하여

$$\mathcal{B} = \{(a,b) \subseteq \mathbb{R} \mid 0 \notin (a,b), a < b\} \cup \{(a,b) - A \subseteq \mathbb{R} \mid a < b\}$$

는 $\mathbb{R}$ 위의 어떤 위상 $\mathcal{T}$에 대한 기저이다. 그러면 $(\mathbb{R}, \mathcal{T})$는 T_2-공간이고 정칙이 아니다. 따라서 $(\mathbb{R}, \mathcal{T})$는 T_3-공간이 아니다.

풀이 $(\mathbb{R}, \mathcal{T})$가 T_2-공간이고 A가 닫힌 부분집합인 것은 연습문제 5.3.2에서 증명하였다.

$(\mathbb{R}, \mathcal{T})$가 정칙이라 가정하자. 그러면

$$0 \in U, \quad A \subseteq V$$

을 만족하는 서로소인 $U, V \in \mathcal{T}$가 존재한다.

$0 \in (a,b) - A \subseteq U$를 만족하는 두 실수 a, b를 잡자. $b > 0$이므로 $b > \frac{1}{n} > 0$인 $n \in \mathbb{N}$을 선택하면, $\frac{1}{n} \in (a_n, b_n) \subseteq V$을 만족하는 두 실수 a_n, b_n이 존재한다. 그러면 $(a_n, b_n) \cap (a,b)$는 공집합이 아닌 구간이다. 따라서 A에 속하지 않는 점 $p \in (a_n, b_n) \cap (a,b)$가 존재한다. 따라서 $p \in U \cap V$이다. 이것은 $U \cap V = \varnothing$에 모순이다. 그러므로 $(\mathbb{R}, \mathcal{T})$는 정칙이 아니다. □

보기 6.2.9. $\mathbb{R}$이 모든 실수들의 집합이라 하자. 각 무리수 $p \in \mathbb{R}$에 대하여 유클리드 공간에서 p에 수렴하는 유리수들로 이루어진 수열 (p_n)을 선택하자. 그리고

$$B_n(p) = \{p_k \mid k \geq n\} \cup \{p\}, \quad n \in \mathbb{N}$$

이라 하자. 그러면

$$\mathcal{B} = \{\{q\} \mid q \in \mathbb{Q}\} \cup \{B_n(p) \mid p \in \mathbb{R} - \mathbb{Q}, n \in \mathbb{N}\}$$

는 $\mathbb{R}$ 위의 어떤 위상 $\mathcal{T}$에 대한 기저이다. 그러면

(a) $(\mathbb{R}, \mathcal{T})$는 T_1-공간이고 정칙이다. 즉, T_3-공간이다.

(b) $(\mathbb{R}, \mathcal{T})$는 정규가 아니다. 따라서 T_4-공간이 아니다.

풀이 (a) 임의의 점 $x \in \mathbb{R}$에 대하여, $y \in \mathbb{R} - \{x\}$라 하자. 만약 y가 유리수이면 $\{y\} \in \mathcal{T}$이고 $\{y\} \subseteq \mathbb{R} - \{x\}$이다. 만약 y가 무리수이면 $x \notin B_n(y)$을 만족하는 $n \in \mathbb{N}$을 잡자. 그러면 $B_n(y) \subseteq \mathbb{R} - \{x\}$이다. 따라서 $\mathbb{R} - \{x\} \in \mathcal{T}$이다. 그러므로 $(\mathbb{R}, \mathcal{T})$는 T_1-공간이다.

A가 $(\mathbb{R}, \mathcal{T})$의 닫힌 부분집합이고 $x \in \mathbb{R} - A$라 하자. 만약 x가 유리수이면 $U = \{x\}$, $V = \mathbb{R} - \{x\}$이라 하자. 그러면 U, V는 $(\mathbb{R}, \mathcal{T})$의 서로소인 열린 부분집합이고 $x \in U$, $A \subseteq V$

이다. x가 무리수이면 $B_n(x) \cap A = \varnothing$을 만족하는 $n \in \mathbb{N}$을 잡자. (만약 이러한 $n \in \mathbb{N}$이 존재하지 않는다면 A에 속하는 x_n들로 이루어진 부분수열은 x에 수렴하고 A가 닫힌집합이므로 $x \in A$가 되어 모순이다.) $U = B_n(x)$, $V = \mathbb{R} - B_n(x)$라 하자. 명백히 U, V는 서로소이고 $x \in U$, $A \subseteq V$, $U \in \mathcal{T}$이다. V가 열린집합인 것은 연습문제로 남겨둔다. 그러므로 $(X, \mathcal{T})$는 정칙공간이다. 또한 $(X, \mathcal{T})$는 T_1-공간이므로 T_3-공간이다.

(b) 임의의 무리수 p와 임의의 $n \in \mathbb{N}$에 대하여 $B_n(p) \cap \mathbb{Q} \neq \varnothing$이기 때문에 $\mathbb{Q}$는 X의 조밀한 부분집합이고, $B_n(p) \cap (\mathbb{R} - \mathbb{Q}) = \{p\}$이기 때문에 $\mathbb{R} - \mathbb{Q}$는 X에서 상대적 이산이다. 그리고 $|\mathbb{R} - \mathbb{Q}| = |\mathbb{R}| = 2^{\aleph_0} = |\mathcal{P}(\mathbb{Q})|$이다. 그러므로 정리 6.2.7에 의해 $(\mathbb{R}, \mathcal{T})$는 정규가 아니다. □

보기 6.2.10. 집합 $X = \{0, 1\}$ 위에 위상 $\mathcal{T} = \{\varnothing, \{1\}, X\}$을 생각하자. 그러면 $(X, \mathcal{T})$는 정규이고 정칙이 아니다. 또한 T_1-공간도 아니다.

풀이 $(X, \mathcal{T})$ 위의 닫힌집합은 X, $\{0\}$, $\varnothing$뿐이다. 이 중 서로소인 두 닫힌집합의 쌍은 $X, \varnothing$와 $\{0\}, \varnothing$이다. 그리고 각 경우에 대하여

$$X \subseteq X, \qquad \varnothing \subseteq \varnothing$$

$$\{0\} \subseteq X, \qquad \varnothing \subseteq \varnothing$$

을 만족하고 대응하는 우변의 열린집합들은 서로소이다. 그러므로 $(X, \mathcal{T})$는 정규이다.

점 1과 닫힌집합 $\{0\}$를 생각하자. $\{0\}$를 포함하는 열린집합은 X뿐이므로 1과 $\{0\}$를 포함하는 서로소인 열린집합은 존재하지 않는다. 그러므로 $(X, \mathcal{T})$는 정칙이 아니다.

$\{1\}$는 닫힌집합이 아니다. 그러므로 $(X, \mathcal{T})$는 T_1-공간이 아니다. □

보기 6.2.11. 하극한 위상공간 $(\mathbb{R}, \mathcal{T}_l)$은 T_4-공간이다.

풀이 임의의 점 $x \in \mathbb{R}$에 대하여 $\mathbb{R} - \{x\} = (-\infty, x) \cup (x, \infty) \in \mathcal{T}_l$이므로 $\{x\}$는 닫힌집합이다. 따라서 $(\mathbb{R}, \mathcal{T}_l)$는 T_1-공간이다.

$(\mathbb{R}, \mathcal{T}_l)$가 정규공간인 것은 어렵지 않게 증명할 수 있으므로 연습문제로 남겨둔다. □

주목 6.2.12. 보기 6.2.9와 보기 6.2.10에 의해 T_1-공간이 아닐 때, 정규와 정칙 사이에는 어떤 함의 관계도 성립하지 않는 것을 알 수 있다.

정리 6.2.13. T_3-공간의 모든 부분공간은 T_3-공간이다.

증명 $(Y, \mathcal{T}_Y)$가 T_3-공간 $(X, \mathcal{T})$의 부분공간이라 하자. 정리 6.1.11로부터 T_1-공간의 모든 부분공간은 T_1-공간이므로, $(Y, \mathcal{T}_Y)$는 T_1-공간이다.

A가 Y의 닫힌 부분집합이고 $x \in Y - A$라 하자. 그러면 $A = C \cap Y$를 만족하는 X의 닫힌 부분집합 C가 존재하고 $x \in X - C$이다. 그리고 $(X, \mathcal{T})$가 정칙공간이므로,

$$x \in G, \qquad C \subseteq H$$

을 만족하는 서로소인 $G, H \in \mathcal{T}$가 존재한다. $U = G \cap Y$, $V = H \cap Y$라 하자. 그러면 U, V는 서로소이고 $U, V \in \mathcal{T}_Y$이다. 또한 $x \in G \cap Y = U$, $A = C \cap Y \subseteq H \cap Y = V$이다. 따라서 $(Y, \mathcal{T}_Y)$는 정칙이다. 그러므로 $(Y, \mathcal{T}_Y)$는 T_3-공간이다. □

정리 6.2.14. T_4-공간의 모든 닫힌 부분공간은 T_4-공간이다.

증명 $(Y, \mathcal{T}_Y)$가 T_4-공간 $(X, \mathcal{T})$의 닫힌 부분공간이라 하자. 모든 T_1-공간의 부분공간은 T_1-공간이므로 $(Y, \mathcal{T}_Y)$는 T_1-공간이다.

A, B가 Y의 닫힌 부분집합이고 서로소라 가정하자. 그러면 Y가 X의 닫힌 부분집합이므로 A, B는 X의 닫힌 부분집합이다. 그리고 $(X, \mathcal{T})$가 정규공간이므로

$$A \subseteq G, \qquad B \subseteq H$$

을 만족하는 서로소인 $G, H \in \mathcal{T}$가 존재한다. $U = G \cap Y$, $V = H \cap Y$라 하자. 그러면 U, V는 서로소이고 $U, V \in \mathcal{T}_Y$이다. 또한 $A \subseteq G \cap Y = U$, $B \subseteq H \cap Y = V$이다. 따라서 $(Y, \mathcal{T}_Y)$는 정규이다. 그러므로 $(Y, \mathcal{T}_Y)$는 T_4-공간이다. □

정리 6.2.15. $(X, \mathcal{T})$가 T_2-공간이고 X의 부분집합 A가 컴팩트라 하자. 그러면 임의의 $x \in X - A$에 대하여

$$x \in U, \qquad A \subseteq V$$

을 만족하는 서로소인 $U, V \in \mathcal{T}$가 존재한다.

증명 $x \in X - A$라 하자. 그러면 $(X, \mathcal{T})$가 T_2-공간이므로, 모든 $y \in A$에 대하여

$$x \in U_y, \qquad y \in V_y$$

를 만족하는 서로소인 $U_y, V_y \in \mathcal{T}$가 존재한다. 그러면 $A \subseteq \cup\{V_y \mid y \in A\}$이고 A는 컴팩트이므로, 유한 부분덮개 $\{V_{y_1}, V_{y_2}, \cdots, V_{y_n}\}$가 존재한다. 이제 $U = \bigcap_{i=1}^n U_{y_i}$, $V = \bigcup_{i=1}^n V_{y_i}$라 하자. 그러면 $x \in U$, $A \subseteq V$, $U, V \in \mathcal{T}$이다. 그리고 분명히 $U \cap V = \varnothing$이다. □

정리 6.2.16. $(X, \mathcal{T})$가 정칙공간, A가 X의 컴팩트 부분집합, B가 A와 서로소인 X의 닫힌 부분집합이라 하자. 그러면

$$A \subseteq U, \qquad B \subseteq V$$

을 만족하는 서로소인 $U, V \in \mathcal{T}$가 존재한다.

증명 $(X, \mathcal{T})$가 정칙공간이기 때문에, 모든 $x \in A$에 대하여

$$x \in U_x, \qquad B \subseteq V_x$$

을 만족하는 서로소인 $U_x, V_x \in \mathcal{T}$가 존재한다. $A \subseteq \cup\{U_x \mid x \in A\}$이고 A가 컴팩트이므로, 유한 부분덮개 $\{U_{x_1}, U_{x_2}, \cdots, U_{x_n}\}$가 존재한다. $U = \bigcup_{i=1}^n U_{x_i}$, $V = \bigcap_{i=1}^n V_{x_i}$라 하자. 그러면 $A \subseteq U$, $B \subseteq V$, $U \cap V \in \mathcal{T}$이다. 그리고 분명히 $U \cap V = \varnothing$이다. □

정리 6.2.17. 모든 컴팩트인 T_2-공간은 정규공간이다. 따라서 T_4-공간이다.

증명 $(X, \mathcal{T})$가 컴팩트인 T_2-공간이라 가정하고 A, B가 X의 서로소인 닫힌 부분집합이라 하자. 그러면 정리 5.1.9에 의해 A, B는 컴팩트이다. 그리고 정리 6.2.15에 의해, 임의의 $x \in B$에 대하여

$$A \subseteq U_x, \qquad x \in V_x$$

을 만족하는 서로소인 $U_x, V_x \in \mathcal{T}$가 존재한다. $B \subseteq \cup\{V_x \mid x \in B\}$이고 B가 컴팩트이므로, 유한 부분덮개 $\{V_{x_1}, V_{x_1}, \cdots, V_{x_n}\}$가 존재한다. $U = \bigcap_{i=1}^n U_{x_i}$, $V = \bigcup_{i=1}^n V_{x_i}$라 하자. 그러면 $A \subseteq U$, $B \subseteq V$이다. 그리고 $U \cap V = \varnothing$이다. 그러므로 $(X, \mathcal{T})$는 정규공간이다. 따라서 T_4-공간이다. □

주목 6.2.18. T_4-공간의 모든 부분공간이 T_4-공간인 것은 아니다. 자세한 것은 보기 7.1.17에서 다루겠다. 다음 정리 6.2.19는 이 보기를 다룰 때 이용할 정리이다.

정리 6.2.19. 고립점이 아닌 점이 오직 하나인 T_1-공간은 정규공간이다.

증명 $(X, \mathfrak{T})$가 T_1-공간, $p \in X$가 고립점이 아니고, p가 아닌 모든 점들은 고립점이라 하자. 그러면 모든 $x \in X - \{p\}$에 대하여 $\{x\} \in \mathfrak{T}$이다.

A, B가 X의 서로소인 닫힌 부분집합이라 하자. 만약 $p \notin A \cup B$이면, 위 관찰에 의해 A, B는 서로소인 열린집합이고 자기 자신을 포함한다. 만약 $p \in A \cup B$이면, 일반성을 잃지 않고 $p \in A$라 가정할 수 있다. p를 포함하는 한 열린집합을 U_p라 하고

$$U = (U_p \cap (X - B) \cup \bigcup \{\{x\} \mid x \in A - \{p\}\}$$

로 놓자. 그러면 U는 $A \subseteq U$를 만족하는 열린집합이고, $V = B$는 B를 포함하는 열린집합이다. 또한 $U \cap V = \varnothing$이다. 그러므로 $(X, \mathfrak{T})$는 정규공간이다. 더욱이, $(X, \mathfrak{T})$는 T_4-공간이다. □

정리 6.2.20. 각 $i = 3, 4$에 대하여 분리공리 T_i는 위상적 성질이다.

증명 분리공리 T_1은 정리 3.2.11에서 위상적 성질임을 보였기 때문에 '정칙'과 '정규'만 위상적 성질임을 보이면 된다.

(a) $h : (X, \mathfrak{T}) \to (Y, \mathfrak{U})$가 위상동형함수이고 $(X, \mathfrak{T})$가 정칙공간이라 가정하자. 그리고 A가 Y의 닫힌 부분집합이고 $y \in Y - A$라 하자. h가 연속이기 때문에 $h^{-1}(A)$는 X의 닫힌 부분집합이고, h가 전단사이기 때문에 $h^{-1}(y)$는 X의 한 점이면서 $h^{-1}(y) \notin h^{-1}(A)$이다. 여기에 $(X, \mathfrak{T})$가 정칙공간임을 적용하면,

$$h^{-1}(y) \in U, \qquad h^{-1}(A) \subseteq V$$

을 만족하는 서로소인 $U, V \in \mathfrak{T}$가 존재한다. 그러면 h는 열린함수이기 때문에 $h(U)$와 $h(V)$는 서로소인 $(Y, \mathfrak{U})$의 열린 부분집합이고

$$y \in h(U), \qquad A \subseteq h(V)$$

을 만족한다. 따라서 $(Y, \mathfrak{U})$는 정칙공간이다. 그러므로 분리공리 T_3는 위상적 성질이다.

(b) 분리공리 T_4가 위상적 성질인 것은 연습문제로 남겨둔다. □

정리 6.2.21. $(X, \mathfrak{T})$가 T_4-공간, $f : (X, \mathfrak{T}) \to (Y, \mathfrak{U})$가 연속이고 전사인 닫힌함수라 하자. 그러면 $(Y, \mathfrak{U})$는 T_4-공간이다.

증명 정리 6.1.14에 의해 $(Y, \mathcal{U})$는 T_1-공간이다. $(Y, \mathcal{U})$가 정규공간임을 보이기 위해 A, B가 Y의 서로소인 닫힌 부분집합이라 하자. f가 연속이므로, $f^{-1}(A)$와 $f^{-1}(B)$는 X의 닫힌 부분집합이고 서로소이다. 여기에 X가 정규공간임을 적용하면,

$$f^{-1}(A) \subseteq U, \qquad f^{-1}(B) \subseteq V$$

을 만족하는 서로소인 $U, V \in \mathcal{T}$가 존재한다.

$$G = Y - f(X - U), \qquad H = Y - f(X - V)$$

로 놓자. f는 닫힌함수이기 때문에, $G, H \in \mathcal{U}$이다. $A \subseteq G$, $B \subseteq H$, $G \cap H = \varnothing$은 어렵지 않게 증명할 수 있다(연습문제). 따라서 $(Y, \mathcal{U})$는 정규공간이다. 그러므로 $(Y, \mathcal{U})$는 T_4-공간이다. □

정의 6.2.22. 위상공간 $(X, \mathcal{T})$가 가산인 기저를 가질 때, $(X, \mathcal{T})$를 **제2가산(second countable)**이라 한다.

정의 6.2.23. 위상공간 $(X, \mathcal{T})$의 점 $p \in X$에 대하여 $\mathcal{B}(p) \subseteq \mathcal{T}$가

(a) 모든 $B \in \mathcal{B}(p)$에 대하여, $p \in B$이다.

(b) p의 임의의 열린 근방 U에 대하여, $p \in B \subseteq U$을 만족하는 $B \in \mathcal{B}(p)$가 존재한다.

을 만족할 때, $\mathcal{B}(p)$를 **p의 국소기저(local base of a point p)**라 한다. 특히, 각 점 p에서 가산인 국소기저를 가질 때, $(X, \mathcal{T})$를 **제1가산(first countable)**이라 한다.

정의에 의해 모든 제2가산 공간은 제1가산이다. 이와 관련된 보기는 연습문제에서 확인할 수 있다.

보조정리 6.2.24. $(X, \mathcal{T})$가 위상공간이라 하자. $A \subseteq U$을 만족하는 모든 닫힌 부분집합 A와 열린 부분집합 U에 대하여, $A \subseteq \cup\{U_n \mid n \in \mathbb{N}\}$이고 각 $n \in \mathbb{N}$에 대하여 $\overline{U_n} \subseteq U$을 만족하는 열린집합족 $\{U_n \mid n \in \mathbb{N}\}$이 존재한다고 하자. 그러면 $(X, \mathcal{T})$는 정규공간이다.

증명 $(X, \mathcal{T})$의 서로소인 닫힌 부분집합 A, B에 대하여, $U = X - B$라 놓으면 $A \subseteq U$

이므로, 가정에 의해

$$A \subseteq \cup\{U_n \mid n \in \mathbb{N}\}$$

이고 각 $n \in \mathbb{N}$에 대하여 $\overline{U_n} \subseteq U$을 만족하는 열린집합족 $\{U_n \mid n \in \mathbb{N}\}$이 존재한다. $U = X - B$이기 때문에, 모든 $n \in \mathbb{N}$에 대하여

$$B \cap \overline{U_n} = \varnothing$$

이다. 비슷하게 $B \subseteq X - A$이므로

$$B \subseteq \cup\{V_n \mid n \in \mathbb{N}\}$$

이고 모든 $n \in \mathbb{N}$에 대하여

$$A \cap \overline{V_n} = \varnothing$$

을 만족하는 열린집합족 $\{V_n \mid n \in \mathbb{N}\}$이 존재한다. 이제 각 $n \in \mathbb{N}$에 대하여

$$G_n = U_n - \bigcup_{k=0}^{n} \overline{V_k}, \qquad H_n = V_n - \bigcup_{k=0}^{n} \overline{U_k}$$

로 놓으면, 모든 $n \in \mathbb{N}$에 대하여 $G_n, H_n \in \mathcal{T}$이다.

$$G = \bigcup_{n \in \mathbb{N}} G_n, \qquad H = \bigcup_{n \in \mathbb{N}} H_n$$

로 놓자. 그러면 $G, H \in \mathcal{T}$이고 $A \subseteq G$, $B \subseteq H$이고 G와 H는 서로소이다. 그러므로 $(X, \mathcal{T})$는 정규공간이다. □

정리 6.2.25. $(X, \mathcal{T})$가 제2가산인 정칙공간이라 하자. 그러면 $(X, \mathcal{T})$는 정규공간이다.

증명 $(X, \mathcal{T})$가 정칙공간이고 $\mathcal{B}$가 $(X, \mathcal{T})$에 대한 가산 기저라 하자. $(X, \mathcal{T})$가 정규공간임을 보이기 위해 A가 X의 닫힌 부분집합이고 $U \in \mathcal{T}$가 $A \subseteq U$를 만족한다고 하자. $(X, \mathcal{T})$가 정칙공간이기 때문에, 각 $x \in A$에 대하여 $x \in B_x \subseteq \overline{B_x} \subseteq U$을 만족하는 $B_x \in \mathcal{B}$가 존재한다. 그러면 $A \subseteq \cup\{B_x \mid x \in A\}$이고 $\{B_x \mid x \in A\}$는 가산이다. 그러므로 보조정리 6.2.24에 의해 $(X, \mathcal{T})$는 정규공간이다. □

따름정리 6.2.26. $(X, \mathcal{T})$가 제2가산인 T_3-공간이라 하자. 그러면 $(X, \mathcal{T})$는 T_4-공간이다.

증명 정리 6.2.25로부터 바로 얻어진다. □

연습문제 6.2

1. 모든 T_4-공간이 T_3-공간임을 증명하시오.

2. 보기 6.2.9에서 각 무리수 p와 $n \in \mathbb{N}$에 대하여 $B_n(p)$이 $(\mathbb{R}, \mathcal{T})$의 닫힌 부분집합임을 증명하시오.

3. 하극한 위상공간 $(\mathbb{R}, \mathcal{T}_l)$이 정규공간임을 증명하시오.

4. 분리공리 T_4가 위상적 성질임을 증명하시오.

5. 정리 6.2.21의 증명에서 $A \subseteq G$, $B \subseteq H$, $G \cap H = \varnothing$임을 증명하시오.

6. 보조정리 6.2.24의 증명에서 $A \subseteq G$, $B \subseteq H$, $G \cap H = \varnothing$임을 증명하시오.

7. 모든 제2가산 공간은 제1가산임을 증명하시오.

8. 유클리드 공간 $(\mathbb{R}, \mathcal{T})$가 제2가산임을 증명하시오.

9. 하극한 위상공간 $(\mathbb{R}, \mathcal{T}_l)$가 제1가산이지만 제2가산이 아님을 증명하시오.

10. 제1가산공간의 모든 부분공간이 제1가산임을 증명하시오.

11. 제2가산공간의 모든 부분공간이 제2가산임을 증명하시오.

12. A가 정칙공간 $(X, \mathcal{T})$의 조밀한 부분집합이라 하자. 다음이 동치임을 증명하시오:

    (a) $(X, \mathcal{T})$는 제1가산공간이다.

    (b) 부분공간 $(A, \mathcal{T}_A)$는 제1가산공간이다.

13. $(X, \mathcal{T})$가 제1가산공간이라 하자. 다음이 동치임을 증명하시오:

    (a) $(X, \mathcal{T})$는 T_2-공간이다.

    (b) $(X, \mathcal{T})$의 모든 수렴하는 수열의 극한은 유일하다.

제 7 장

곱공간

곱공간은 여러 개의 위상공간을 하나의 공간으로 결합하는 구성방법 중 하나이다. 두 공간의 곱은 두 개의 위상공간에 있는 점의 순서쌍을 원소로 하는 카테시안 곱에 앞으로 소개할 위상을 준 공간이다. 그리고 곱공간은 함수의 연속성, 컴팩트성, 연결성 등의 다양한 위상적 성질을 새로운 차원에서 탐구할 수 있게 해 준다. 유한 곱공간과 무한 곱공간의 차이점은 개념적으로 매우 중요하며, 이 장에서는 이러한 두 경우를 각각 다루어보겠다.

7.1 유한 곱공간

이 절에서는 유한 곱공간의 위상구조를 정의하고 여러 위상적 성질들인 컴팩트성, 분리공리를 비롯하여 앞에서 공부한 개념들이 유한 곱공간에서는 어떤 특성을 지니는지 알아보겠다.

정의 7.1.1. $I = \{1, 2, \cdots, n\}$이라 하자. 유한 개의 위상공간 $(X_i, \mathcal{T}_i)$ $(i \in I)$에 대하여,

$$\mathcal{B} = \{\prod_{i=1}^{n} U_i \mid U_i \in \mathcal{T}_i, i \in I\}$$

는 곱집합 $X = \prod_{i=1}^{n} X_i$ 위의 어떤 위상 $\mathcal{T}$에 대한 기저이다. 이 위상 $\mathcal{T}$를 X 위의 **곱위상(product topology)**이라 하고, $(X, \mathcal{T})$를 **곱공간(product space)**이라 한다.

정의 7.1.1의 $\mathcal{B}$가 곱집합 $X = \prod_{i=1}^n X_i$ 위의 어떤 위상에 대한 기저임을 증명하는 것은 연습문제로 남겨둔다.

주목 7.1.2. 우리는 2.1절에서 $\mathbb{R}^2$ 위의 유클리드 거리와 최대 거리가 동치라는 것을 알았다. 즉,

$$\mathcal{B} = \{(a,b) \times (c,d) \subseteq \mathbb{R}^2 \mid a,b,c,d \in \mathbb{R}, a < b, c < d\}$$

는 $\mathbb{R}^2$ 위의 유클리드 위상에 대한 기저이다.

보기 7.1.3. $\mathbb{R}^2$의 부분집합족

$$\mathcal{B} = \{(a,b) \times (c,d) \subseteq \mathbb{R}^2 \mid a,b,c,d \in \mathbb{R}, a < b, c < d\}$$

는 유클리드 공간 $(\mathbb{R}, \mathcal{U})$의 곱공간 $(\mathbb{R}^2, \mathcal{T})$에 대한 기저이다. 더욱이 주목 7.1.2에 의해 곱위상 $\mathcal{T}$는 $\mathbb{R}^2$ 위의 유클리드 위상과 같다.

풀이 $G \in \mathcal{T}$이고 $p = \langle x, y \rangle \in G$이라 하자. 그러면 곱위상의 정의에 의해 $p \in U \times V \subseteq G$를 만족하는 $U, V \in \mathcal{U}$가 존재한다. $x \in U$, $y \in V$이고 $U, V \in \mathcal{U}$이므로

$$x \in (a,b) \subseteq U, \qquad y \in (c,d) \subseteq U$$

를 만족하는 $a, b, c, d \in \mathbb{R}$가 존재한다. 따라서

$$p \in (a,b) \times (c,d) \subseteq U \times V \subseteq G$$

이다. 그러므로 $\mathcal{B}$는 곱공간 $(\mathbb{R}^2, \mathcal{T})$에 대한 기저이다. □

더 일반적으로 다음이 성립한다.

정리 7.1.4. $I = \{1, 2, \cdots, n\}$이라 하자. 각 $i \in I$에 대하여 $(X_i, \mathcal{T}_i)$가 위상공간이고 $\mathcal{B}_i$가 $\mathcal{T}_i$에 대한 기저라 하자. 그러면

$$\mathcal{B} = \{\prod_{i=1}^n B_i \mid B_i \in \mathcal{B}_i,\ i \in I\}$$

는 $X = \prod_{i=1}^n$ 위의 곱위상 $\mathcal{T}$에 대한 기저이다.

증명 $G \in \mathcal{T}$이고 $p = \langle x_1, x_2, \cdots, x_n \rangle \in G$라 하자. 그러면 곱위상의 정의에 의해

$$p \in \prod_{i=1}^{n} U_i \subseteq G$$

를 만족하는 $U_i \in \mathcal{T}_i$ $(i \in I)$가 존재한다. 그리고 각 $i \in I$에 대하여 $\mathcal{B}_i$가 $\mathcal{T}_i$에 대한 기저이므로 $x_i \in B_i \subseteq U_i$ 를 만족하는 $B_i \in \mathcal{B}_i$가 존재한다. $\prod_{i=1}^{n} B_i \in \mathcal{B}$이고 $p \in \prod_{i=1}^{n} B_i \subseteq G$이므로 $\mathcal{B}$는 곱위상 $\mathcal{T}$에 대한 기저이다. □

정리 7.1.5. $I = \{1, 2, \cdots, n\}$이라 하자. 각 $i \in I$에 대하여 $(X_i, \mathcal{T}_i)$가 위상공간이고, $(X = \prod_{i=1}^{n} X_i, \mathcal{T})$가 곱공간이라 하자. 그리고 각 $i \in I$에 대하여

$$\pi_i : (X, \mathcal{T}) \to (X_i, \mathcal{T}_i)$$

를 임의의 $p = \langle x_1, x_2, \cdots, x_n \rangle \in X$에 대하여

$$\pi_i(p) = x_i$$

로 정의하자. 그러면 각 π_i는 연속이다. 특히, 곱위상 $\mathcal{T}$는 각 π_i가 연속이 되게 하는 가장 작은 위상이다.

증명 먼저 각 π_i가 연속임을 보이기 위해 $U_i \in \mathcal{T}_i$라 하자. 그러면

$$\pi_i^{-1}(U_i) = \prod_{k=1}^{i-1} X_k \times U_i \times \prod_{k=i+1}^{n} X_k$$

이고 $U_i \in \mathcal{T}_i$, $k \neq i$인 k에 대하여 $X_k \in \mathcal{T}_k$이므로 곱위상의 정의에 의해 $\pi_i^{-1}(U_i) \in \mathcal{T}$이다. 따라서 f_i는 연속이다.

이제 $\mathcal{U}$를 각 함수 π_i가 연속인 집합 $X = \prod_{i=1}^{n} X_i$ 위의 위상이라 하자. $\mathcal{T} \subseteq \mathcal{U}$을 보여야 한다. $G \in \mathcal{T}$이고 $p = \langle x_1, x_2, \cdots, x_n \rangle \in G$라 하자. 그러면 $p \in \prod_{i=1}^{n} U_i \subseteq G$를 만족하는 $U_i \in \mathcal{T}_i$ $(i \in I)$가 존재한다. 그리고 각 $\pi_i : (X, \mathcal{U}) \to (X_i, \mathcal{T}_i)$가 연속이므로 $\pi_i^{-1}(U_i) \in \mathcal{U}$이다. 따라서 $\prod_{i=1}^{n} U_i = \pi_1^{-1}(U_1) \cap \pi_2^{-1}(U_2) \cap \cdots \cap \pi_n^{-1}(U_n) \in \mathcal{U}$이 되어, $G \in \mathcal{U}$이다. 그러므로 $\mathcal{T} \subseteq \mathcal{U}$이다. □

정리 7.1.5에 소개된 각 함수 π_i를 **사영함수(projection)**라 한다. 즉, 곱위상은 각 사영함수가 연속이 되게 하는 정의역 위의 가장 작은 위상인 것이다.

정리 7.1.6. $I = \{1, 2, \cdots, n\}$이라 하자. 각 $i \in I$에 대하여 $(X_i, \mathcal{T}_i)$가 위상공간이고, $(X = \prod_{i=1}^n X_i, \mathcal{T})$가 곱공간이라 하자. 각 $i \in I$에 대하여 $\pi_i : (X, \mathcal{T}) \to (X_i, \mathcal{T}_i)$를 사영함수라 하자. 그러면

$$\mathcal{S} = \{\pi_i^{-1}(U_i) \mid U_i \in \mathcal{T}_i, i \in I\}$$

는 곱공간 $(X, \mathcal{T})$에 대한 부분기저이다.

증명 분명히 $X = \cup\mathcal{S}$이므로 $\mathcal{S}$는 X 위의 한 위상에 대한 부분기저이다. $\mathcal{S}$에 의해 생성된 기저 $\mathcal{B}_\mathcal{S}$가 곱위상 $\mathcal{T}$에 대한 기저임을 보이면 된다.

$G \in \mathcal{T}$이고 $p \in G$라 하자. 그러면 $p \in \prod_{i=1}^n U_i \subseteq G$를 만족하는 $U_i \in \mathcal{T}_i$ $(i \in I)$가 존재한다.

$$U = \prod_{i=1}^n U_i = \pi_1^{-1}(U_1) \cap \pi_2^{-1}(U_2) \cap \cdots \cap \pi_2^{-1}(U_2)$$

이므로 $U \in \mathcal{B}_\mathcal{S}$이다. 따라서 $\mathcal{B}_\mathcal{S}$는 곱위상 $\mathcal{T}$에 대한 기저이다. 그러므로 $\mathcal{S}$는 곱위상 $\mathcal{T}$에 대한 부분기저이다. □

정리 7.1.7. $I = \{1, 2, \cdots, n\}$이라 하자. $(X, \mathcal{T}), (Y_i, \mathcal{U}_i)$ $(i \in I)$가 위상공간이고, $\mathcal{U}$가 $Y = \prod_{i=1}^n Y_i$ 위의 곱위상이라 하자. 그러면 함수 $f : (X, \mathcal{T}) \to (Y, \mathcal{U})$가 연속일 필요충분조건은 각 사영함수 $\pi_i : (Y, \mathcal{U}) \to (Y_i, \mathcal{U}_i)$에 대하여 $\pi_i \circ f : (X, \mathcal{T}) \to (Y_i, \mathcal{U}_i)$가 연속이다.

증명 $(\Rightarrow)$ 함수 $f : (X, \mathcal{T}) \to (Y, \mathcal{U})$가 연속이라 가정하자. 정리 7.1.5에 의해 각 $\pi_i : (Y, \mathcal{U}) \to (Y_i, \mathcal{U}_i)$가 연속이므로, 합성함수 $\pi_i \circ f$는 연속이다.

$(\Leftarrow)$ 각 함수 $\pi_i \circ f$가 연속이라 가정하고, $\prod_{i=1}^n U_i$가 $\mathcal{U}$에 대한 기저 즉, $U_i \in \mathcal{U}_i$ $(i \in I)$라 하자. 각 $i \in I$에 대하여 $\pi_i \circ f$가 연속이므로 $f^{-1}(\pi_i^{-1}(U_i)) \in \mathcal{T}$이다. 그리고

$$f^{-1}(\prod_{i=1}^n U_i) = f^{-1}(\bigcap_{i=1}^n \pi_i^{-1}(U_i)) = \bigcap_{i=1}^n f^{-1}(\pi_i^{-1}(U_i))$$

이기 때문에, $f^{-1}(\prod_{i=1}^n U_i) \in \mathcal{T}$이다. 그러므로 f는 연속이다. □

정리 7.1.7의 함수 $\pi_i \circ f$를 f의 **좌표함수(coordinate function)**라고 한다.

보기 7.1.8. $\mathbb{R}^2$가 유클리드 공간 $\mathbb{R}$의 곱공간이고, 구간 $[0,1]$이 $\mathbb{R}$의 부분공간이라 하자. 함수 $f : [0,1] \to \mathbb{R}^2$를 모든 $t \in [0,1]$에 대하여 $f(t) = \langle \cos 2\pi t, \sin 2\pi t \rangle$로 정의하자. 그러면 f는 연속이다. 즉, 단위원 S^1은 컴팩트 공간 $I = [0, 2\pi]$의 연속인 상이므로 컴팩트이다.

풀이 정리 7.1.7로부터 바로 얻어진다. □

정리 7.1.9. $I = \{1, 2, \cdots, n\}$이라 하자. 각 $i \in I$에 대하여 $(X_i, \mathcal{T}_i)$가 위상공간이고, $(X = \prod_{i=1}^{n} X_i, \mathcal{T})$가 곱공간이라 하자. 각 $i \in I$에 대하여 A_i가 $(X_i, \mathcal{T}_i)$의 닫힌 부분집합이라 하자. 그러면 $A = \prod_{i=1}^{n} A_i$는 $(X, \mathcal{T})$의 닫힌 부분집합이다.

증명 각 $i \in I$에 대하여 $\pi_i : (X, \mathcal{T}) \to (X_i, \mathcal{T}_i)$가 사영함수라 하자. 그러면

$$\begin{aligned} X - A &= [(X_1 - A_1) \times X_2 \times \cdots \times X_n] \\ &\quad \cup [X_1 \times (X_2 - A_2) \times \cdots \times X_n] \\ &\quad \cup \cdots \cup [X_1 \times X_2 \times \cdots \times (X_n - A_n)] \\ &= \bigcup_{i=1}^{n} \pi_i^{-1}(X - A_i) \end{aligned}$$

이고 $\pi_i^{-1}(X - A_i) \in \mathcal{T}$이므로, $X - A \in \mathcal{T}$이다. 그러므로 A는 $(X, \mathcal{T})$의 닫힌 부분집합이다. □

정리 7.1.10. $I = \{1, 2, \cdots, n\}$이라 하자. 각 $i \in I$에 대하여 $(X_i, \mathcal{T}_i)$가 위상공간이고, $(X = \prod_{i=1}^{n} X_i, \mathcal{T})$가 곱공간이라 하자. 그러면 X의 부분집합 $A = \prod_{i=1}^{n} A_i$에 대하여 다음이 성립한다.

(a) $cl_X(A) = cl_{X_1}(A_1) \times cl_{X_2}(A_2) \times \cdots \times cl_{X_n}(A_n)$.

(b) $int_X(A) = int_{X_1}(A_1) \times int_{X_2}(A_2) \times \cdots \times int_{X_n}(A_n)$.

증명 임의의 유한 곱공간에 대한 증명은 $n = 2$일 때와 같은 방법으로 증명할 수 있으므로 여기서는 두 개의 위상공간의 곱공간에 대해서만 증명하겠다. $A = A_1 \times A_2$가 곱공간 $X = X_1 \times X_2$의 부분집합이라 하자.

(a) $(\subseteq)$ $p = \langle x_1, x_2 \rangle \in cl_X(A)$라 하자. 각 $i \in I$에 대하여 $x_i \in cl_{X_i}(A_i)$을 보이면 된다.

$U_i \in \mathcal{T}_i$가 x_i의 임의의 열린 근방이라 하자. 그러면 $U_1 \times U_2 \in \mathcal{T}$이고 $p \in U_1 \times U_2$이므로 $(U_1 \times U_2) \cap A \neq \varnothing$이다. 즉,

$$(*) \quad (U_1 \cap A_1) \times (U_2 \cap A_2) = (U_1 \times U_2) \cap (A_1 \times A_2) \neq \varnothing$$

이다. 따라서 각 i에 대하여 $U_i \cap A_i \neq \varnothing$이다. 그러므로 $x_i \in cl_{X_i}(A_i)$이다.

($\supseteq$) 역으로 $p = \langle x_1, x_2 \rangle \in cl_{X_1}(A_1) \times cl_{X_2}(A_2)$이고 $G \in \mathcal{T}$가 p의 임의의 열린 근방이라 하자. 그러면 $p \in U_1 \times U_2 \subseteq G$을 만족하는 $U_1 \in \mathcal{T}_1$, $U_2 \in \mathcal{T}_2$가 존재한다. 각 i에 대하여 $x_i \in cl_{X_i}(A_i)$이고 U_i는 x_i의 열린 근방이므로 $U_i \cap A_i \neq \varnothing$이다. 따라서 $(*)$와 비슷하게 $(U_1 \times U_2) \cap (A_1 \times A_2) \neq \varnothing$이 되어 $G \cap (A_1 \times A_2) \neq \varnothing$을 얻는다. 그러므로 $p \in cl_X(A)$이다.

(b) 연습문제로 남겨둔다. □

정리 7.1.11. $I = \{1, 2, \cdots, n\}$이라 하자. 각 $i \in I$에 대하여 $(X_i, \mathcal{T}_i)$가 T_1-공간이고, $(X = \prod_{i=1}^n X_i, \mathcal{T})$가 곱공간이라 하자. 그러면 $(X, \mathcal{T})$는 T_1-공간이다.

증명 $p = \langle x_1, x_2, \cdots, x_n \rangle \in X$라 하자. 그러면 각 $i \in I$에 대하여 $x_i \in X_i$이고 $(X_i, \mathcal{T}_i)$가 T_1-공간이므로, $\{x_i\}$는 $(X_i, \mathcal{T}_i)$의 닫힌 부분집합이다. 정리 7.1.9에 의해, $\{p\} = \{x_1\} \times \{x_2\} \times \cdots \times \{x_n\}$는 $(X, \mathcal{T})$의 닫힌 부분집합이다. 그러므로 $(X, \mathcal{T})$는 T_1-공간이다. □

정리 7.1.12. $I = \{1, 2, \cdots, n\}$이라 하자. 각 $i \in I$에 대하여 $(X_i, \mathcal{T}_i)$가 정칙공간이고, $(X = \prod_{i=1}^n X_i, \mathcal{T})$가 곱공간이라 하자. 그러면 $(X, \mathcal{T})$는 정칙공간이다.

증명 $p = \langle x_1, x_2, \cdots, x_n \rangle \in X$이고 $p \in G \in \mathcal{T}$라 하자. 그러면 $p \in \prod_{i=1}^n U_i \subseteq G$를 만족하는 $U_i \in \mathcal{T}_i$ $(i \in I)$가 존재한다. 각 $i \in I$에 대하여 $(X_i, \mathcal{T}_i)$가 정칙공간이고 $x_i \in U_i$이므로 $x_i \in V_i \subseteq cl_{X_i}(V_i) \subseteq U_i$를 만족하는 $V_i \in \mathcal{T}_i$를 선택할 수 있다. $V = \prod_{i=1}^n V_i$로 놓자. 그러면 정리 7.1.10에 의해

$$p \in V \subseteq cl_X(V) = \prod_{i=1}^n cl_{X_i}(V_i) \subseteq \prod_{i=1}^n U_i \subseteq G$$

이 성립한다. 그러므로 $(X, \mathcal{T})$는 정칙공간이다. □

정리 7.1.13. $(X_1, \mathcal{T}_1)$이 위상공간, $(X_2, \mathcal{T}_2)$가 컴팩트 공간, $(X = X_1 \times X_2, \mathcal{T})$가 곱공간이라 하자. 임의의 점 $p \in X_1$에 대하여 $\mathcal{U}$가 곱공간 $(X, \mathcal{T})$의 열린집합들로 이루어진 $\{p\} \times X_2$의 덮개라 하자. 그러면 p의 열린 근방 $U \in \mathcal{T}_1$가 존재하여 $\mathcal{U}$의 어떤 유한 부분집합족이 $U \times X_2$를 덮는다.

증명 $p \in X_1$이고 $\mathcal{U}$가 곱공간 $(X, \mathcal{T})$의 열린집합들로 이루어진 $\{p\} \times X_2$의 덮개라 하자. 그러면 각 $x \in X_2$에 대하여 $\langle p, x \rangle \in G_x$를 만족하는 $G_x \in \mathcal{U}$가 존재한다. $\langle p, x \rangle \in U_x \times V_x \subseteq G_x$인 $U_x \in \mathcal{T}_1$, $V_x \in \mathcal{T}_2$를 선택하자. 그러면 $X_2 \subseteq \cup\{V_x \mid x \in X_2\}$이고 X_2가 컴팩트이므로, 유한 부분덮개 $\{V_{x_1}, V_{x_2}, \cdots, V_{x_n}\}$이 존재한다.

$U = \bigcap_{i=1}^n U_{x_i}$라 하자. 그러면

$$U \times X_2 \subseteq \bigcup_{i=1}^{n} (U_{x_i} \times V_{x_i}) \subseteq \bigcup_{i=1}^{n} G_{x_i}$$

가 성립한다. 그러므로 $\{G_{x_1}, G_{x_2}, \cdots, G_{x_n}\}$은 $U \times X_2$를 덮는 $\mathcal{U}$의 유한 부분집합족이다. □

정리 7.1.14 (Tychonoff 정리). $I = \{1, 2, \cdots, n\}$이라 하자. 각 $i \in I$에 대하여 $(X_i, \mathcal{T}_i)$가 컴팩트 공간이고, $(X = \prod_{i=1}^n X_i, \mathcal{T})$가 곱공간이라 하자. 그러면 $(X, \mathcal{T})$는 컴팩트 공간이다.

증명 수하적 귀납법에 의해 증명할 수 있으므로, 우리는 $n = 2$인 경우만 증명하겠다.

$\mathcal{U}$가 곱공간 $(X, \mathcal{T})$의 임의의 열린 덮개라 하자. 그러면 각 $p \in X_1$에 대하여 $\mathcal{U}$가 $\{p\} \times X_2$의 열린 덮개이므로, 정리 7.1.13에 의해 p의 열린 근방 $U_p \in \mathcal{T}_1$가 존재하여 $\mathcal{U}$의 어떤 유한 부분집합족이 $U_p \times X_2$를 덮는다. 그 유한 부분집합족을 $\mathcal{U}_p$라 하자. 그리고 $\{U_p \mid p \in X_1\}$는 컴팩트 공간 X_1의 열린 덮개이므로, 유한 부분덮개 $\{U_{p_1}, U_{p_2}, \cdots, U_{p_n}\}$가 존재한다. $\mathcal{V} = \bigcup_{i=1}^n \mathcal{U}_{p_i}$라 놓자. 그러면 $\mathcal{V}$는 $\mathcal{U}$의 유한 부분집합족이다.

이제 $\mathcal{V}$가 곱공간 X의 덮개라는 것을 보이기 위해 $\langle x_1, x_2 \rangle \in X$라 하자. 그러면 어떤 $i = 1, 2, \cdots, n$에 대하여, $x_1 \in U_{p_i}$이다. 따라서

$$\langle x_1, x_2 \rangle \in U_{p_i} \times X_2 \subseteq \cup\mathcal{U}_{p_i} \subseteq \cup\mathcal{V}$$

이다. 그러므로 곱공간 $(X, \mathcal{T})$는 컴팩트 공간이다. □

주목 7.1.15. 정리 7.1.14의 역도 성립한다. 곱공간 $(X = \prod_{i=1}^n X_i, \mathcal{T})$가 컴팩트라 하자. 컴팩트 공간의 연속인 상은 컴팩트이고 각 사영함수 $\pi_i : X \to X_i$는 연속이고 전사이므로, $(X_i, \mathcal{T}_i)$는 컴팩트 공간이다.

보기 7.1.16. 유클리드 공간 $\mathbb{R}$의 부분공간 $[0,1]$은 컴팩트이다. $n \in \mathbb{N}$이라 하자. 그러면 정리 7.1.14에 의하여, $[0,1]^n$은 컴팩트이다. 이 곱공간 $[0,1]^n$을 간단히 **n-큐브(n-cube)** 라 한다.

정리 6.2.14에서 T_4-공간의 모든 닫힌 부분공간은 T_4-공간임을 알았다. 다음 보기는 닫혀 있지 않은 부분공간에 대해서는 이 성질을 보장할 수 없음을 보여준다.

보기 7.1.17. X_1이 가산무한집합, X_2가 비가산집합이라 하자. 각 $i = 1,2$에 대하여 고정된 점 $p_i \in X_i$를 생각하자. 그러면

$$\mathfrak{T}_i = \{U \subseteq X_i \mid p_i \notin U\} \cup \{U \subseteq X_i \mid X_i - U\text{는 유한}\}$$

는 X_i 위의 위상이다. 위상공간 $(X_i, \mathfrak{T}_i)$는 정리 6.2.19에 의해 T_4-공간이다. $X_1 \times X_2$ 위의 곱위상을 $\mathfrak{T}$라 하고, $Y = X_1 \times X_2 - \{\langle p_1, p_2\rangle\}$이라 하자. 그러면 다음이 성립한다.

(a) $(X_1 \times X_2, \mathfrak{T})$는 T_4-공간이다.

(b) 부분공간 $(Y, \mathfrak{T}_Y)$는 정규공간이 아니다. 따라서, T_4-공간이 아니다.

풀이 (a) 각 위상공간 $(X_i, \mathfrak{T}_i)$는 분명히 컴팩트인 T_2-공간이다. 따라서 곱공간 $(X_1 \times X_2, \mathfrak{T})$도 컴팩트인 T_2-공간이다. 그러므로 정리 6.2.17에 의해 $(X_1 \times X_2, \mathfrak{T})$는 T_4-공간이다.

(b) $A = (X_1 - \{p_1\}) \times \{p_2\}$, $B = \{p_1\} \times (X_2 - \{p_2\})$라 하자. 그러면 A, B는 부분공간 Y의 닫힌 부분집합이고 $A \cap B = \varnothing$이다. $U, V \in \mathfrak{T}_Y$가 $A \subseteq U$, $B \subseteq V$를 만족한다고 가정하자. 그러면 모든 $x \in X_1 - \{p_1\}$에 대하여, $\langle x, p_2\rangle \in U$에 속하므로,

$$\{x\} \times (X_2 - F_x) \subseteq U$$

를 만족하는 $X_2 - \{p_2\}$의 유한 부분집합 F_x가 존재한다. $C = \cup\{F_x \mid x \in X_1 - \{p_1\}\}$라 하면, C는 X_2의 가산 부분집합이므로, $x_2 \in X_2 - (C \cup \{p_2\})$가 존재한다. 또한 $(X_1 - \{p_1\}) \times \{x_2\} \subseteq U$이 성립한다. $D = (X_1 - \{p_1\}) \times \{x_2\}$라 하자. 그러면 $\langle p_1, x_2\rangle \in cl_Y(D)$이고 $\langle p_1, x_2\rangle \in B \subseteq V$이다. 따라서 $U \cap V \supseteq D \cap V \neq \varnothing$이다. 즉, A, B를 각각 포함하는 서로소인 열린집합은 존재하지 않는다. 그러므로 부분공간 $(Y, \mathfrak{T}_Y)$는 정규공간이 아니다. □

주목 7.1.18. 두 T_4-공간의 곱공간이 T_4-공간이 아닐 수도 있다(연습문제 7.1.3).

연습문제 7.1

1. $I = \{1, 2, \cdots, n\}$이라 하자. 유한 개의 위상공간 $(X_i, \mathcal{T}_i)$ $(i \in I)$에 대하여,
$$\mathcal{B} = \{\prod_{i=1}^{n} U_i \mid U_i \in \mathcal{T}_i, i \in I\}$$
라 하자. $\mathcal{B}$가 곱집합 $X = \prod_{i=1}^{n} X_i$ 위의 어떤 위상 $\mathcal{T}$에 대한 기저임을 증명하시오.

2. $n = 2$일 대, 연습문제 7.1.1의 $\mathcal{B}$가 위상이 아닌 보기를 하나 드시오.

3. $(\mathbb{R}, \mathcal{T}_l)$가 하극한 위상공간이라 하자. 그러면
$$\mathcal{B} = \{[a, b) \times [c, d) \mid a, b, c, d \in \mathbb{R}, a < b, c < d\}$$
는 $\mathbb{R}^2$위의 곱위상 $\mathcal{T}$에 대한 기저이다. 다음 물음에 답하시오.
   (a) 부분집합 $L = \{\langle x, -x\rangle \mid x \in \mathbb{R}\}$ 위의 부분위상은 어떤 위상인가?
   (b) 곱공간 $(\mathbb{R}^2, \mathcal{T})$는 T_4-공간이 아님을 증명하시오.

4. 각 $i = 1, 2$에 대하여 $(X_i, \mathcal{T}_i)$가 위상공간이고 $(X = X_1 \times X_2, \mathcal{T})$가 곱공간이라 하자. X의 부분집합 $A = A_1 \times A_2$에 대하여 다음이 성립함을 증명하시오.
   (a) $int_X(A) = int_{X_1}(A_1) \times int_{X_2}(A_2)$
   (b) $(A_1)^d \times (A_2)^d \subseteq A^d$

5. $I = \{1, 2, \cdots, n\}$이라 하자. 각 $i \in I$에 대하여 $(X_i, \mathcal{T}_i)$가 위상공간이고, $(X = \prod_{i=1}^{n} X_i, \mathcal{T})$가 곱공간이라 하자. 다음을 증명하시오.
   (a) 각 $(X_i, \mathcal{T}_i)$가 T_0-공간이면, $(X, \mathcal{T})$도 T_0-공간이다.
   (b) 각 $(X_i, \mathcal{T}_i)$가 T_2-공간이면, $(X, \mathcal{T})$도 T_2-공간이다.
   (c) 각 $(X_i, \mathcal{T}_i)$가 제1가산공간이면, $(X, \mathcal{T})$도 제1가산이다.
   (d) 각 $(X_i, \mathcal{T}_i)$가 제2가산공간이면, $(X, \mathcal{T})$도 제2가산이다.

(e) 각 $(X_i, \mathcal{T}_i)$가 가분공간이면, $(X, \mathcal{T})$도 가분이다.

6. $(X, \mathcal{T})$가 위상공간, $(Y, \mathcal{U})$가 T_2-공간이라 하자. 함수 $f : (X, \mathcal{T}) \to (Y, \mathcal{U})$에 대하여

$$A = \{\langle x_1, x_2 \rangle \in X \times X \mid f(x_1) = f(x_2)\}$$

라 하자. 함수 f가 연속일 때, A가 곱공간 $X \times X$의 닫힌 부분집합임을 증명하시오.

7. $(X, \mathcal{T})$가 위상공간, $(Y, \mathcal{U})$가 T_2-공간이라 하자. $f : (X, \mathcal{T}) \to (Y, \mathcal{U})$가 연속이면,

$$\mathrm{Graph}(f) = \{\langle x, f(x) \rangle \in X \times Y \mid x \in X\}$$

가 곱공간 $X \times Y$의 닫힌 부분집합임을 증명하시오.

8. 두 위상공간 $(X, \mathcal{T})$와 $(Y, \mathcal{U})$에 대하여, 함수 $f : (X, \mathcal{T}) \to (Y, \mathcal{U})$가 전사이고 열린함수라 하자. $A = \{\langle x_1, x_2 \rangle \in X \times X \mid f(x_1) = f(x_2)\}$가 곱공간 $X \times X$의 닫힌 부분집합일 때, $(Y, \mathcal{U})$가 T_2-공간임을 증명하시오.

9. $(X_1, \mathcal{T}_1)$과 $(X_2, \mathcal{T}_2)$가 연결공간일 필요충분조건이 곱공간 $(X_1 \times X_2, \mathcal{T})$가 연결공간임을 증명하시오.

7.2 무한 곱공간

무한 곱공간은 무한 개의 위상공간을 곱하는 경우로서 유한 곱공간과의 개념적 차이가 있기 때문에 매우 유의해야 한다. 이 절에서는 무한 곱공간의 정의와 그 예시를 살펴보고, Tychonoff 정리와 같은 무한 곱공간에서의 컴팩트성 문제를 집중적으로 살펴보겠다.

이 절에서는 임의의 집합들의 모임 $\{X_i \mid i \in I\}$에 대하여 카테시안 곱 $\prod_{i\in I} X_i$의 원소를 $\langle x_i \rangle_{i\in I}$로 나타낸다.

정의 7.2.1. I가 임의의 첨수집합이고 $(X_i, \mathcal{T}_i)$ $(i \in I)$가 위상공간이라 하자. 각 $i \in I$에 대하여 $\pi_i : X = \prod_{i\in I} X_i \to (X_i, \mathcal{T}_i)$가 사영함수라 하자. 그러면

$$\mathcal{S} = \{\pi_i^{-1}(U_i) \mid U_i \in \mathcal{T}_i, i \in I\}$$

는 $X = \prod_{i\in I} X_i$ 위의 어떤 위상 $\mathcal{T}$에 대한 부분기저이다. 이 위상 $\mathcal{T}$를 X 위의 **곱위상(product topology)**이라 하고 $(X, \mathcal{T})$를 **곱공간(product space)**이라 한다.

주목 7.2.2. (a) $X = \prod_{i\in I} X_i$ 위의 곱위상 $\mathcal{T}$에 대한 기저는 부분기저 $\mathcal{S}$의 유한 부분집합족의 교집합로 구성된 집합족이므로 기저의 원소는 다음과 같은 형태이다: I의 유한 부분집합 F에 대하여,

$$\bigcap_{i\in F} \pi_i^{-1}(U_i) = \prod_{i\in I} V_i = \begin{cases} V_i = U_i, & i \in F \\ V_i = X_i, & i \in I - F \end{cases}$$

(b) 정의에 의해 모든 사영함수 π_i는 연속이다.

정리 7.2.3. $(X_i, \mathcal{T}_i)$ $(i \in I)$가 위상공간이라 하자. 그러면 $X = \prod_{i\in I} X_i$ 위의 곱위상 $\mathcal{T}$는 각 사영함수 $\pi_i : X \to X_i$가 연속이 되게 하는 가장 작은 위상이다.

증명 $\mathcal{U}$가 각 사영함수 $\pi_i : (X, \mathcal{U}) \to (X_i, \mathcal{T}_i)$가 연속이 되게 하는 X 위의 위상이라 하자. $\mathcal{T} \subseteq \mathcal{U}$을 증명하기 위해, $\mathcal{T}$의 부분기저 $\mathcal{S}$에 대하여 $\mathcal{S} \subseteq \mathcal{U}$임을 보이면 된다. $S \in \mathcal{S}$라

하자. 그러면 어떤 $i \in I$와 $U_i \in \mathcal{T}_i$에 대하여 $S = \pi_i^{-1}(U_i)$이다. $\pi_i : (X, \mathcal{U}) \to (X_i, \mathcal{T}_i)$가 연속이므로, $S \in \mathcal{U}$이다. 그러므로 $\mathcal{T} \subseteq \mathcal{U}$이다. □

정리 7.2.4. $(X, \mathcal{T})$, $(Y_i, \mathcal{U}_i)$ $(i \in I)$가 위상공간이고 $\mathcal{U}$가 $Y = \prod_{i \in I} Y_i$ 위의 곱위상이라 하자. 그러면 함수 $f : (X, \mathcal{T}) \to (Y, \mathcal{U})$가 연속일 필요충분조건은 각 사영함수 $\pi_i : (Y, \mathcal{U}) \to (Y_i, \mathcal{U}_i)$에 대하여 $\pi_i \circ f : (X, \mathcal{T}) \to (Y_i, \mathcal{U}_i)$가 연속이다.

증명 정리 7.1.7과 비슷하게 증명할 수 있다. □

정리 7.2.5. $(X_i, \mathcal{T}_i)$ $(i \in I)$가 위상공간, $\mathcal{T}$가 $X = \prod_{i \in I} X_i$ 위의 곱위상이라 하자. 그리고 각 $i \in I$에 대하여 A_i가 $(X_i, \mathcal{T}_i)$의 닫힌 부분집합이라 하자. 그러면 $A = \prod_{i \in I} A_i$는 $(X, \mathcal{T})$의 닫힌 부분집합이다.

증명 각 $i \in I$에 대하여 $\pi_i : (X, \mathcal{T}) \to (X_i, \mathcal{T}_i)$가 사영함수라 하자. 그러면

$$X - A = \bigcup_{i \in I} \pi_i^{-1}(X_i - A_i)$$

이고 $\pi_i^{-1}(X_i - A_i) \in \mathcal{T}$이므로, $X - A \in \mathcal{T}$이다. 그러므로 A는 $(X, \mathcal{T})$의 닫힌 부분집합이다. □

Tychonoff 정리 즉, 임의의 개수의 컴팩트 공간의 곱공간 역시 컴팩트라는 것을 보이기 위해서는 몇 가지 준비가 필요하다. 아래는 그 첫 번째 개념이다.

정의 7.2.6. 임의의 집합 X 위의 관계 $\leq$가 다음 조건을 만족할 때, $\leq$를 X 위의 **반순서(부분순서, partial order on X)**라 한다:

(a) 모든 $x \in X$에 대하여, $x \leq x$이다.

(b) 모든 $x, y, z \in X$에 대하여, $x \leq y$이고 $y \leq z$이면 $x \leq z$이다.

(c) $x \leq y$이고 $y \leq x$이면 $x = y$이다.

이때, $(X, \leq)$를 **반순서집합(부분순서집합, partially ordered set)**이라 한다.

정의 7.2.7. A가 공집합이 아니고 반순서집합 $(X, \leq)$의 부분집합일 때, $a \in A$라 하자. $a \leq x$을 만족하는 a와 다른 점 $x \in A$가 존재하지 않을 때, a를 A의 **극대원(maximal element)**이라 하고, X의 한 점 a가 모든 $x \in A$에 대하여 $x \leq a$일 때, a를 A의 **상계(upper bound)**라 한다.

정의 7.2.8. 반순서집합 $(X, \leq)$의 임의의 두 점 $x, y \in X$가 비교가능할 때 즉, $x \leq y$ 또는 $y \leq x$일 때, $\leq$는 **선형순서(linear order)**라 하고 $(X, \leq)$를 **선형순서집합(linearly ordered set)**이라 한다.

보기 7.2.9. 임의의 집합 X에 대하여 $(\mathcal{P}(X), \subseteq)$는 반순서집합이다. 반면에 두 개 이상의 점을 갖는 집합 X에 대해서 $(\mathcal{P}(X), \subseteq)$는 선형순서집합이 아니다. $\leq$가 실수집합 $\mathbb{R}$ 위의 보통순서이면, $(\mathbb{R}, \leq)$는 선형순서집합이다.

Tychonoff 정리를 증명하기 위해 잘 알려진 Zorn의 보조정리를 증명 없이 소개한다. 사실, 집합론에서 Zorn의 보조정리가 선택공리, Hausdorff 극대원리, 정렬원리와 동치임을 증명했었다.

정리 7.2.10 (Zorn의 보조정리). $(P, \leq)$가 반순서집합이고 모든 선형순서 부분집합이 상계를 갖는다고 하자. 그러면 P는 극대원을 갖는다.

이제 5.2절에서 언급했던 유한교집합 성질의 정의를 다시 상기하자. $\mathcal{F}$가 한 집합 X의 부분집합들의 모임이라 하자. $\mathcal{F}$의 임의의 유한 부분집합족 $\mathcal{A}$에 대하여 $\cap\mathcal{A} \neq \varnothing$일 때, $\mathcal{F}$는 **유한교집합 성질(finite intersection property, f.i.p.)**을 만족한다고 한다.

정리 7.2.11. 집합 X의 부분집합들의 모임 $\mathcal{A}$가 f.i.p.를 갖는다고 하자. 그러면 $\mathcal{A} \subseteq \mathcal{F}$이고 반순서 $\subseteq$에 관해서 f.i.p.를 갖는 극대 $\mathcal{F} \subseteq \mathcal{P}(X)$가 존재한다.

증명 Γ가 f.i.p.를 만족하고 $\mathcal{A} \subseteq \mathcal{B}$를 만족하는 모든 $\mathcal{B} \subseteq \mathcal{P}(X)$들의 모임이라 하자. 그리고 Γ 위에 반순서 $\subseteq$를 생각하자. 그러면 $\mathcal{A} \in \Gamma$이기 때문에, $\Gamma \neq \varnothing$이다.

L이 Γ의 선형순서 부분집합이라 하자. 먼저 $\bigcup_{\mathcal{B} \in L} \mathcal{B}$가 L의 상계임을 보이자. 각 $\mathcal{B} \in L$에 대하여 분명히 $\mathcal{B} \subseteq \bigcup_{\mathcal{B} \in L} \mathcal{B}$이 성립한다. 만약 $B_1, B_2, \cdots, B_n \in \bigcup_{\mathcal{B} \in L} \mathcal{B}$이면, 각 i에 대하여 $B_i \in \mathcal{B}_i$를 만족하는 $\mathcal{B}_i \in L$가 존재한다. L은 선형순서집합이기 때문에 어떤 N $(1 \leq N \leq n)$이 존재하여 모든 i에 대해 $\mathcal{B}_i \subseteq \mathcal{B}_N$ 이 성립한다. 그러면 각 i에 대하여 $B_i \in \mathcal{B}_N$이다. $\mathcal{B}_N$은 f.i.p.를 가지므로, $\bigcap_{i=1}^{n} B_i \neq \varnothing$이다. 따라서 $\bigcup_{\mathcal{B} \in L} \mathcal{B}$는 L의 상계이다. 그러므로, Zorn의 보조정리에 의해 Γ에는 f.i.p를 갖는 극대원이 존재한다. □

이제 무한 곱공간의 Tychonoff 정리를 증명할 준비가 되었다.

정리 7.2.12 (Tychonoff 정리). 각 $i \in I$에 대하여 $(X_i, \mathcal{T}_i)$가 컴팩트 공간이고 $\mathcal{T}$가 $X = \prod_{i \in I} X_i$ 위의 곱공간이라 하자. 그러면 $(X, \mathcal{T})$는 컴팩트 공간이다.

증명 곱공간 $(X, \mathcal{T})$의 닫힌집합들의 모임 $\mathcal{F}$가 f.i.p.를 만족한다고 가정하자. 그러면 정리 7.2.11에 의해 f.i.p.를 갖는 극대원 $\mathcal{M}$이 존재하여 $\mathcal{F} \subseteq \mathcal{M}$을 만족한다. 임의의 유한 개의 $F_1, F_2, \cdots, F_n \in \mathcal{M}$에 대하여 $\bigcap_{i=1}^{n} F_i \in \mathcal{M}$이 성립한다. (만약 그렇지 않다면, $\mathcal{M} \cup \{\bigcap_{i=1}^{n} F_i\}$이 f.i.p.를 갖기 때문에 $\mathcal{M}$이 극대원이라는 것에 모순이다.)

만약 A가 $\mathcal{M}$의 모든 원소와 만나는 X의 부분집합이면, $\mathcal{M} \cup \{A\}$는 f.i.p.를 갖고 $\mathcal{M}$이 f.i.p.를 갖는 극대원이기 때문에 $A \in \mathcal{M}$이어야 한다.

고정된 $i \in I$에 대하여 사영함수 $\pi_i : (X, \mathcal{T}) \to (X_i, \mathcal{T}_i)$를 생각하자. 그러면 $\{\pi_i(F) \mid F \in \mathcal{M}\}$는 f.i.p.를 갖는다. 따라서 $\{cl_{X_i}(\pi_i(F)) \mid F \in \mathcal{M}\}$도 f.i.p.를 갖는다. $(X_i, \mathcal{T}_i)$는 컴팩트 공간이므로, $\bigcap_{F \in \mathcal{M}} cl_{X_i}(\pi_i(F)) \neq \varnothing$이다. 각 $i \in I$에 대하여 $x_i \in \bigcap_{F \in \mathcal{M}} cl_{X_i}(\pi_i(F))$를 선택하고 $p = \langle x_i \rangle_{i \in I} \in X$라 놓자.

$p \in \bigcap_{F \in \mathcal{M}} cl_X(F)$를 보이기 위해, G를 p의 임의의 열린 근방이라 하자. 그러면 어떤 유한집합 $J \subseteq I$에 대하여 $p \in \bigcap_{i \in J} \pi_i^{-1}(U_i) \subseteq G$를 만족한다. 여기서 $x_i \in U_i \in \mathcal{T}_i$이다. 각 $F \in \mathcal{M}$에 대하여 $x_i \in cl_{X_i}(\pi_i(F))$이기 때문에, $U_i \cap \pi_i(F) \neq \varnothing$이다. 따라서 모든 $F \in \mathcal{M}$에 대하여 $\pi_i^{-1}(U_i) \cap F \neq \varnothing$이다. 그러므로 각 $i \in J$에 대하여 $\pi_i^{-1}(U_i) \in \mathcal{M}$이다. $\mathcal{M}$이 f.i.p.를 가지므로 모든 $F \in \mathcal{M}$에 대하여 $\bigcap_{i \in J} \pi_i^{-1}(U_i) \cap F \neq \varnothing$이다. 따라서 모든 $F \in \mathcal{M}$에 대하여 $G \cap F \neq \varnothing$이다. 그러므로 $p \in \bigcap_{F \in \mathcal{M}} cl_X(F)$이다. $\mathcal{F}$는 X의 닫힌 부분집합들의 모임이고 $\mathcal{F} \subseteq \mathcal{M}$이기 때문에, $p \in \cap_{F \in \mathcal{M}} \mathcal{F}$이다. 그러므로 $(X, \mathcal{T})$는 컴팩트 공간이다. □

주목 7.2.13. 정리 7.2.12의 역도 성립한다. 곱공간 $(X = \prod_{i\in I} X_i, \mathcal{T})$가 컴팩트라 하자. 컴팩트 공간의 연속인 상은 컴팩트이고 각 사영함수 $\pi_i : X \to X_i$는 연속이고 전사이므로, $(X_i, \mathcal{T}_i)$는 컴팩트 공간이다.

보기 7.2.14. 유클리드 공간 $\mathbb{R}$의 부분공간 $[0,1]$은 컴팩트이다. 그러면 정리 7.2.12에 의하여, $[0,1]^\omega = \prod_{n\in\mathbb{N}}[0,1]$은 컴팩트이다. 이 곱공간 $[0,1]^\omega$를 **Hilbert 큐브(Hilbert cube)**라 한다.

연습문제 7.2

1. 각 $i \in I$에 대하여 $(X_i, \mathcal{T}_i)$가 위상공간이고, $(X = \prod_{i\in I} X_i, \mathcal{T})$가 곱공간이라 하자. 그리고 각 $i \in I$에 대하여 A_i가 $(X_i, \mathcal{T}_i)$의 부분집합이라 하자. 다음을 증명하시오.

   (a) $cl_X(\prod_{i\in I} A_i) = \prod_{i\in I} cl_{X_i}(A_i)$

   (b) $int_X(\prod_{i\in I} A_i) \subseteq \prod_{i\in I} int_{X_i}(A_i)$

2. 각 $i \in I$에 대하여 $(X_i, \mathcal{T}_i)$가 위상공간이고, $(X = \prod_{i\in I} X_i, \mathcal{T})$가 곱공간이라 하자. 다음을 증명하시오.

   (a) 각 $(X_i, \mathcal{T}_i)$가 T_0-공간이면, $(X, \mathcal{T})$도 T_0-공간이다.

   (b) 각 $(X_i, \mathcal{T}_i)$가 T_1-공간이면, $(X, \mathcal{T})$도 T_1-공간이다.

   (c) 각 $(X_i, \mathcal{T}_i)$가 T_2-공간이면, $(X, \mathcal{T})$도 T_2-공간이다.

   (d) I가 가산집합이고 각 $(X_i, \mathcal{T}_i)$가 가분공간이면, $(X, \mathcal{T})$도 가분이다.

   (e) I가 가산집합이고 각 $(X_i, \mathcal{T}_i)$가 제1가산공간이면, $(X, \mathcal{T})$도 제1가산이다.

   (f) I가 가산집합이고 각 $(X_i, \mathcal{T}_i)$가 제2가산공간이면, $(X, \mathcal{T})$도 제2가산이다.

제 8 장

상공간

위상수학에서 상공간은 공간의 특정 부분을 동일시하거나 단순화하는 과정을 거쳐 만들어진 새로운 공간을 의미한다. 이러한 상공간의 개념은 전사함수나 동치관계에 의해 정의될 수 있다. 이 장에서는 이렇게 유도된 상공간의 정의와 주요 성질들을 살펴보겠다.

8.1 상공간

먼저 전사함수의 정의역으로 주어진 위상공간을 이용하여 치역인 집합에 위상을 정의하는 방법과 그와 관련된 몇 가지 성질들을 알아보자.

정의 8.1.1. 위상공간 $(X, \mathcal{T})$와 임의의 집합 Y에 대하여 $f : (X, \mathcal{T}) \to Y$가 전사함수라 하자. 그러면

$$\mathcal{U} = \{U \subseteq Y \mid f^{-1}(U) \in \mathcal{T}\}$$

는 집합 Y 위의 위상이다. 이때, $\mathcal{U}$를 f에 의해 유도된 Y 위의 **상위상(quotient topology on Y induced by f)**이라 하고, $(Y, \mathcal{U})$를 **상공간(quotient space)**이라 한다. 그리고 f를 **상함수(상사상, quotient mapping)**라 부른다.

정의에 의해 모든 상함수는 연속이다. 따라서 $(X, \mathcal{T})$가 컴팩트(각각, 연결) 공간이면 상함수에 의해 유도된 상공간 $(Y, \mathcal{U})$ 역시 컴팩트(각각, 연결) 공간이다. 그리고 다음이 성립한다.

정리 8.1.2. 위상공간 $(X, \mathcal{T})$, $(Y, \mathcal{U})$에 대하여, 함수 $f : (X, \mathcal{T}) \to (Y, \mathcal{U})$가 전사함수라 하자. 그러면 다음은 동치이다: Y의 임의의 부분집합 A에 대하여

(a) $A \in \mathcal{U}$일 필요충분조건은 $f^{-1}(A) \in \mathcal{T}$이다.

(b) A가 Y의 닫힌 부분집합일 필요충분조건은 $f^{-1}(A)$가 X의 닫힌 부분집합이다.

증명 어렵지 않게 증명할 수 있으므로 연습문제로 남겨둔다. 따라서 명제 (b)는 상함수의 정의와 동치이다. □

정리 8.1.3. 두 위상공간 $(X, \mathcal{T})$, $(Y, \mathcal{U})$에 대하여 $f : (X, \mathcal{T}) \to (Y, \mathcal{U})$가 연속인 전사함수라 하자. 만약 f가 열린함수(또는 닫힌함수)이면, $(Y, \mathcal{U})$는 상공간이다.

증명 $\mathcal{U}$가 $\mathcal{W} = \{U \subseteq Y \mid f^{-1}(U) \in \mathcal{T}\}$와 같다는 것을 보여야 한다. 먼저 $U \in \mathcal{U}$라 하자. 그러면 f가 연속이므로, $f^{-1}(U) \in \mathcal{T}$이다. 따라서 $U \in \mathcal{W}$이다.

이제 $U \in \mathcal{W}$라 하자. 그러면 $f^{-1}(U) \in \mathcal{T}$이다. f가 열린함수이므로 $f(f^{-1}(U)) \in \mathcal{U}$이고, f가 전사이므로 $f(f^{-1}(U)) = U$이다. 따라서 $U \in \mathcal{U}$이다. 그러므로 $(Y, \mathcal{U})$는 상공간이다. f가 닫힌함수인 경우도 비슷하게 증명할 수 있다(연습문제). □

다음 보기는 정리 8.1.3의 역이 성립하지 않음을 보여준다.

보기 8.1.4. $X = \{\langle x, y\rangle \in \mathbb{R}^2 \mid x \geq 0$ 또는 $y = 0\}$이고 $(X, \mathcal{T})$가 유클리드 공간 $\mathbb{R}^2$의 부분공간이라 하자. 그리고 $(\mathbb{R}, \mathcal{U})$가 유클리드 공간이라 하자. 함수 $f : (X, \mathcal{T}) \to (\mathbb{R}, \mathcal{U})$를 모든 $\langle x, y\rangle \in X$에 대하여 $f(\langle x, y\rangle) = x$로 정의하면 f는 상함수이다. 그러나 f는 열린함수도 닫힌함수도 아니다.

풀이 분명히 f는 전사함수이다. $U = [0, 1) \times (1, 2)$이라 하자. 그러면 $U \in \mathcal{T}$이지만 $f(U) = [0, 1) \notin \mathcal{U}$이다. 따라서 f는 열린함수가 아니다. $C = \{\langle x, \frac{1}{x}\rangle \in X \mid x > 0\}$이라 하자. 그러면 C는 $(X, \mathcal{T})$의 닫힌 부분집합이지만 $f(C) = (0, \infty)$는 $(\mathbb{R}, \mathcal{U})$의 닫힌 부분집합이 아니다. 따라서 f는 닫힌함수가 아니다. f가 상함수인 것은 연습문제로 남겨둔다. □

정리 8.1.5. $(X, \mathcal{T})$가 컴팩트 공간, $(Y, \mathcal{U})$가 T_2-공간이라 하자. 함수 $f : (X, \mathcal{T}) \to (Y, \mathcal{U})$가 연속인 전사함수이면, f는 상함수이다.

증명 A가 $(Y, \mathcal{U})$의 닫힌 부분집합이라 하자. f가 연속이므로, $f^{-1}(A)$는 $(X, \mathcal{T})$의 닫힌 부분집합이다.

역으로 $f^{-1}(A)$가 $(X, \mathcal{T})$의 닫힌 부분집합이라 하자. $(X, \mathcal{T})$가 컴팩트 공간이므로, $f^{-1}(A)$는 컴팩트이다. 여기에 f의 연속성을 적용하면, $f(f^{-1}(A))$는 컴팩트이다. 그리고 f가 전사함수이므로, $A = f(f^{-1}(A))$이다. 즉, A는 T_2-공간 $(Y, \mathcal{U})$의 컴팩트 부분집합이다. 따라서 A는 $(Y, \mathcal{U})$의 닫힌 부분집합이다. 그러므로 정리 8.1.2에 의해 f는 상함수이다. □

보기 8.1.6. $[0, 1]$이 유클리드 공간 $\mathbb{R}$의 부분공간이고, 단위원 S^1이 유클리드 공간 $\mathbb{R}^2$의 부분공간이라 하자. 함수 $f : [0, 1] \to S^1$를 모든 $t \in [0, 1]$에 대하여 $f(t) = \langle \cos 2\pi t, \sin 2\pi t \rangle$로 정의하자. 그러면 f는 상함수이다.

풀이 $[0, 1]$은 컴팩트이고 S^1은 T_2-공간이다. 그리고 정리 7.1.7에 의해 f는 연속이다. 또한 f는 전사이다. 그러므로 정리 8.1.5에 의해 f는 상함수이다. □

정리 8.1.7. 위상공간 $(X, \mathcal{T})$, $(Y, \mathcal{U})$, $(Z, \mathcal{V})$에 대하여 $f : (X, \mathcal{T}) \to (Y, \mathcal{U})$가 상함수이고 $g : (Y, \mathcal{U}) \to (Z, \mathcal{V})$가 함수라 하자. 그러면 다음은 동치이다:

(a) g는 연속이다.

(b) $g \circ f$는 연속이다.

증명 (a) $\Rightarrow$ (b) g가 연속이라 가정하자. 상함수 f도 연속이므로, $g \circ f$는 연속이다.

(b) $\Rightarrow$ (a) $g \circ f$가 연속이라 가정하고 $V \in \mathcal{V}$라 하자. 그러면

$$f^{-1}(g^{-1}(V)) = (g \circ f)^{-1}(V) \in \mathcal{T}$$

이다. 그리고 f가 상함수이므로, $g^{-1}(V) \in \mathcal{U}$이다. 그러므로 g는 연속이다. □

정리 8.1.8. 위상공간 $(X, \mathcal{T})$, $(Y, \mathcal{U})$에 대하여 $f : (X, \mathcal{T}) \to (Y, \mathcal{U})$가 연속인 전사함수라 하자. 그러면 다음은 동치이다:

(a) f는 상함수이다.

(b) 임의의 위상공간 $(Z, \mathcal{V})$와 함수 $g : (Y, \mathcal{U}) \to (Z, \mathcal{V})$에 대하여,

$g \circ f$가 연속이면 g는 연속이다.

증명 (a) $\Rightarrow$ (b) f가 상함수이고, $g \circ f$가 연속이라 하자. 그러면 정리 8.1.7에 의해 g는 연속이다.

(b) $\Rightarrow$ (a) (b)가 성립한다고 가정하고 $\mathcal{U}'$이 f에 의해 유도된 Y 위의 상위상이라 하자. 이제 $f' : (X, \mathcal{T}) \to (Y, \mathcal{U}')$을 모든 $x \in X$에 대하여 $f'(x) = f(x)$로 정의하자. 그러면 항등함수 $id : (Y, \mathcal{U}) \to (Y, \mathcal{U}')$에 대하여 $id \circ f = f'$는 연속이다. 따라서 가정 (b)에 의해 $id : (Y, \mathcal{U}) \to (Y, \mathcal{U}')$는 연속이다. $id^{-1} \circ f' = f$가 연속이고 f'이 상함수(즉, 연속)이므로, 다시 가정 (b)에 의해 id^{-1}도 연속이다. 따라서 id는 위상동형함수가 되어, $\mathcal{U}$ 역시 상위상이다. 그러므로 f는 상함수이다. □

이제 동치관계에 의해 유도되는 상공간에 대하여 알아보자. 다음은 집합론 등에서 이미 공부한 동치관계와 관련된 정의들이며, 이와 관련된 기본 성질들은 생략하겠다.

정의 8.1.9. 집합 X 위의 관계 $\sim$가 임의의 $x, y, z \in X$에 대하여

(a) **반사적(reflexive)** : 모든 $x \in X$에 대하여, $x \sim x$이다.

(b) **대칭적(symmetric)** : $x \sim y$이면 $y \sim x$이다.

(c) **추이적(transitive)** : $x \sim y$이고 $y \sim z$이면 $x \sim z$이다.

을 만족할 때, $\sim$를 X 위의 **동치관계(equivalence relation on X)**라 한다.
각 $x \in X$에 대하여 $\widetilde{x} = \{y \in X \mid x \sim y\}$를 x의 **동치류(equivalence class of x)**라 하고, 모든 동치류들의 집합 $X/\!\sim = \{\widetilde{x} \mid x \in X\}$를 **상집합(quotient set)**이라 한다.

주목 8.1.10. 임의의 두 위상공간 $(X, \mathcal{T})$, $(Y, \mathcal{U})$에 대하여 $f : (X, \mathcal{T}) \to (Y, \mathcal{U})$가 연속인 전사함수라 하자. 그리고 임의의 $x, y \in X$에 대하여

$$x \sim y\text{일 필요충분조건은 } f(x) = f(y)$$

라 하자. 그러면 $\sim$은 X 위의 동치관계이다. 따라서 정의 8.1.1의 상함수에 대해서 항상 위 성질을 만족하는 동치관계 $\sim$를 생각할 수 있다.

집합 X 위의 동치관계 $\sim$에 대하여, X로부터 상집합 $X/\sim$로의 전사함수 $\pi : X \to X/\sim$, $\pi(x) = \widetilde{x}$를 **표준사상(고유사상, canonical map)**이라 한다.

정의 8.1.11. $\sim$가 위상공간 $(X, \mathcal{T})$ 위의 동치관계라 하자. 표준사상 π에 의해 유도된 $X/\sim$ 위의 위상 $\mathcal{U}$를 **동치관계 $\sim$에 의해 유도된 상위상(quotient topology induced by the equivalence relation $\sim$)**이라 한다. 즉,

$$\mathcal{U} = \{U \subseteq X/\sim \ \mid \pi^{-1}(U) \in \mathcal{T}\}$$

그리고 $(X/\sim, \mathcal{U})$를 **상공간(quotient space)**이라 한다.

주목 8.1.12. 정의 8.1.11에서 표준사상 $\pi : X \to X/\sim$는 전사함수이다. 이것은 동치관계 $\sim$로부터 정의 8.1.1의 조건을 만족하는 전사함수를 찾아서 상위상을 정의한 것이다. 이 사실과 주목 8.1.10으로부터, 동치관계에 의해 유도된 상위상과 그에 대응하는 전사함수에 의해 유도된 상위상은 같은 위상임을 알 수 있다.

또한 집합 X 위의 동치관계 $\sim$에 대하여 상집합 $X/\sim$은 X의 분할이고 모든 분할에 대응하는 동치관계가 존재하므로, 자연스럽게 분할로부터 상위상을 정의할 수도 있다.

정의 8.1.13. 집합 X의 공집합이 아닌 부분집합들로 구성된 집합족 $\mathcal{P}$가

(a) $\cup\mathcal{P} = X$

(b) 임의의 $A, B \in \mathcal{P}$에 대하여, $A \neq B$이면 $A \cap B = \varnothing$

를 만족할 때, $\mathcal{P}$를 X의 **분할(partition)**이라 한다.

정의 8.1.14. $(X, \mathcal{T})$가 위상공간이고 $\mathcal{P}$가 X의 분할이라 하자. 그러면 각 $x \in X$에 대하여 $x \in A_x$을 만족하는 $A_x \in \mathcal{P}$가 오직 하나 존재한다. 함수 $f : X \to \mathcal{P}$를

$$\text{임의의 } x \in X\text{에 대하여 } f(x) = A_x$$

로 정의하자. 그러면 f는 전사함수이다. 따라서 f에 의해 유도된 $\mathcal{P}$ 위의 위상 $\mathcal{U}$를 정의할 수 있다. 즉,

$$\mathcal{U} = \{U \subseteq \mathcal{P} \mid f^{-1}(U) \in \mathcal{T}\}$$

이다. 이때, f를 **자연사상(natural map)**, $\mathcal{P}$를 X의 **분해(decomposition)**라 하고, 상공간 $(\mathcal{P}, \mathcal{U})$를 **분해공간(decomposition space)** 또는 **등화공간(identificaion space)**이라 한다.

보기 8.1.15. 유클리드 공간 $(\mathbb{R}, \mathcal{T})$와 모든 정수들의 집합 $\mathbb{Z}$에 대하여 전사함수 $f : (\mathbb{R}, \mathcal{T}) \to \mathbb{Z}$를

$$\text{모든 } x \in \mathbb{R}\text{에 대하여 } f(x) = [x]$$

로 정의하자. 여기서 $[x]$는 x이하인 정수 중 가장 큰 정수이다. f에 의해 유도된 $\mathbb{Z}$ 위의 상위상 $\mathcal{U}$를 구하시오.

풀이 $U \in \mathcal{U}$이고 어떤 $n \in \mathbb{Z}$에 대하여 $n \in U$라 하자. 그러면 $n \le x < n+1$인 모든 $x \in \mathbb{R}$에 대하여 $f(x) = n \in U$이므로 $f([n, n+1)) \subseteq U$이다. 즉, $[n, n+1) \subseteq f^{-1}(U)$이다. 그런데 $f^{-1}(U) \in \mathcal{T}$이므로, 적어도 $\{k \in \mathbb{Z} \mid k \le n\} \subseteq U$을 만족해야 한다. 각 $n \in \mathbb{Z}$에 대하여 $U_n = \{k \in \mathbb{Z} \mid k \le n\}$이라 하자. 그러면 $f^{-1}(U_n) = (-\infty, n+1) \in \mathcal{T}$이기 때문에, $U_n \in \mathcal{U}$이다. 그러므로 상위상은 $\mathcal{U} = \{\mathbb{Z}, \varnothing\} \cup \{U_n \mid n \in \mathbb{Z}\}$이다. □

보기 8.1.16. 유클리드 공간 $(\mathbb{R}, \mathcal{T})$에 대하여 $\mathbb{R}$ 위의 동치관계 $\sim$가 다음과 같이 정의된다고 하자: 임의의 $x, y \in \mathbb{R}$에 대하여

$$x \sim y \quad \Leftrightarrow \quad \text{어떤 } n \in \mathbb{Z}\text{에 대하여 } x, y \in [n, n+1).$$

동치관계 $\sim$에 의해 유도된 $\mathbb{R}/\sim$ 위의 상위상 $\mathcal{V}$를 구하시오.

풀이 먼저 상집합 $R/\sim$을 구하자. 임의의 정수 $n \in \mathbb{Z}$에 $n \sim x$이라 하자. 그러면 $x \in [n, n+1)$이므로, $\widetilde{n} = [n, n+1)$이다. 따라서 $\mathbb{R}/\sim = \{\widehat{n} \mid n \in \mathbb{Z}\}$이다. $\pi : (\mathbb{R}, \mathcal{T}) \to \mathbb{R}/\sim$

가 표준사상이라 하고 임의의 $x \in \mathbb{R}$에 대하여 $n_x \sim x$인 $n_x \in \mathbb{Z}$을 선택하자. 그러면 임의의 $x \in \mathbb{R}$에 대하여 $\pi(x) = \widetilde{n_x}$이다.

$V \in \mathcal{V}$이고 어떤 $n \in \mathbb{Z}$에 대하여 $\widetilde{n} \in V$라 하자. 그러면 $n \le x < n+1$인 모든 $x \in \mathbb{R}$에 대하여 $\pi(x) = \widetilde{n} \in V$이므로, $\pi([n, n+1)) \subseteq V$이다. 즉, $[n, n+1) \subseteq \pi^{-1}(V)$이다. 그런데 $\pi^{-1}(V) \in \mathcal{T}$이므로, 적어도 $\{\widetilde{k} \in \mathbb{R}/{\sim} \mid k \in \mathbb{Z}, k \le n\} \subseteq V$를 만족해야 한다. 각 $n \in \mathbb{Z}$에 대하여 $V_n = \{\widetilde{k} \in \mathbb{R}/{\sim} \mid k \in \mathbb{Z}, k \le n\}$이라 하자. 그러면 $\pi^{-1}(V_n) = (-\infty, n+1) \in \mathcal{T}$이기 때문에, $V_n \in \mathcal{V}$이다. 그러므로 상위상은 $\mathcal{V} = \{\mathbb{R}/{\sim}, \varnothing\} \cup \{V_n \mid n \in \mathbb{Z}\}$이다. □

주목 8.1.17. 보기 8.1.15의 위상공간 $(\mathbb{Z}, \mathcal{U})$와 보기 8.1.16의 위상공간 $(\mathbb{R}/{\sim}, \mathcal{V})$가 위상동형인 것은 어렵지 않게 증명할 수 있다(연습문제).

각 $n \in \mathbb{Z}$에 대하여 $P_n = [n, n+1)$이고 $\mathcal{P} = \{P_n \mid n \in \mathbb{Z}\}$라 하자. 그러면 $\mathcal{P}$는 $\mathbb{R}$의 분할이다. 각 $n \in \mathbb{Z}$에 대하여 $W_n = \{P_k \in \mathcal{P} \mid k \in \mathbb{Z}, k \le n\}$라 놓자. 그러면 $\mathcal{W} = \{\mathcal{P}, \varnothing\} \cup \{W_n \mid n \in \mathbb{Z}\}$은 $\mathcal{P}$ 위의 상위상이고, $(\mathcal{P}, \mathcal{W})$ 역시 위의 두 상공간과 위상동형이다.

연습문제 8.1

1. 두 위상공간 $(X, \mathcal{T})$, $(Y, \mathcal{U})$에 대하여 $f : (X, \mathcal{T}) \to (Y, \mathcal{U})$가 연속인 전사함수라 하자. f가 닫힌함수일 때, $(Y, \mathcal{U})$가 상공간임을 증명하시오.

2. 정리 8.1.2를 증명하시오.

3. 보기 8.1.4의 함수 f가 상함수임을 증명하시오.

4. $(X, \mathcal{T})$, $(Y, \mathcal{U})$, $(Z, \mathcal{V})$가 위상공간이고 $f : (X, \mathcal{T}) \to (Y, \mathcal{U})$가 상함수, $g : (Y, \mathcal{U}) \to (Z, \mathcal{V})$가 전사함수라 하자. 다음이 동치임을 증명하시오:

   (a) $g \circ f$는 상함수이다.

(b) g는 상함수이다.

[힌트. 정리 8.1.8 이용]

5. 보기 8.1.15의 위상공간 $(\mathbb{Z}, \mathcal{U})$와 보기 8.1.16의 위상공간 $(\mathbb{R}/\sim, \mathcal{V})$는 위상동형이다. 위상동형함수를 찾으시오.

6. $(\mathbb{N}, \mathcal{T})$가 이산공간이고 $A = \{3n \mid n \in \mathbb{N}\}$, $B = \{3n-2 \mid n \in \mathbb{N}\}$, $C = \{3n-1 \mid n \in \mathbb{N}\}$라 하자. 그러면 $\mathcal{P} = \{A, B, C\}$는 $\mathbb{N}$의 분할이다. 자연사상 $f : \mathbb{N} \to \mathcal{P}$에 의해 유도된 $\mathcal{P}$ 위의 위상을 $\mathcal{U}$라 하자. $(\mathcal{P}, \mathcal{U})$가 이산공간임을 증명하시오.

7. 유클리드 공간이고 $(\mathbb{R}, \mathcal{T})$ 위에 동치관계 $\sim$를 다음과 같이 정의하자:

$$x \sim y \qquad \Leftrightarrow \qquad x - y \in \mathbb{Q}$$

상공간 $(\mathbb{R}/\sim, \mathcal{U})$가 비이산공간임을 증명하시오.

8. 위상공간 $(X, \mathcal{T})$에 대하여 $\mathcal{P}$가 X의 분할이라 하고, 자연사상 $f : (X, \mathcal{T}) \to \mathcal{P}$에 의해 유도된 $\mathcal{P}$ 위의 상위상을 $\mathcal{U}$라 하자. $\mathcal{P}$의 부분집합 $\mathcal{A}$에 대하여 다음을 증명하시오.

$\mathcal{A} \in \mathcal{U}$일 필요충분조건이 $\cup\{A \mid A \in \mathcal{A}\} \in \mathcal{T}$이다.

9. 위상공간 $(X, \mathcal{T})$, $(Y, \mathcal{U})$에 대하여 $g : (X, \mathcal{T}) \to (Y, \mathcal{U})$가 연속인 전사함수라 하자. 그리고 $\mathcal{P} = \{g^{-1}(y) \mid y \in Y\}$라 하자. 그러면 $\mathcal{P}$는 X의 분할이다. 자연사상 $f : (X, \mathcal{T}) \to \mathcal{P}$에 의해 유도된 $\mathcal{P}$ 위의 위상을 $\mathcal{V}$라 하자. $(Y, \mathcal{U})$가 T_2-공간이면, $(\mathcal{P}, \mathcal{V})$도 T_2-공간임을 증명하시오.

10. $X = [0,1] \times [0,1]$에 대하여 $(X, \mathcal{T})$가 유클리드 공간 $\mathbb{R}^2$의 부분공간이라 하자. X 위의 동치관계 $\sim$를 다음과 같이 정의하자:

- $0 \leq x \leq 1$일 때, $\langle x, 0 \rangle \sim \langle x, 1 \rangle$
- $0 \leq y \leq 1$일 때, $\langle 0, y \rangle \sim \langle 1, 1-y \rangle$

- $0 < x, y < 1$일 때, $\langle x, y\rangle \sim \langle x, y\rangle$

$\sim$에 의해 유도된 $X/\sim$ 위의 상위상을 $\mathcal{U}$라 하자. 이 위상공간 $(X/\sim, \mathcal{U})$를 **클라인 병(Klein bottle)**이라 한다. 다음 물음에 답하시오.

(a) 상집합 $X/\sim$의 원소 즉, 동치류를 모두 구하시오.

(b) 클라인 병이 연결공간이면서 컴팩트 공간임을 증명하시오.

11. 유클리드 공간 $(\mathbb{R}, \mathcal{T})$ 위에 동치관계 $\sim$를 다음과 같이 정의하자:

$$x \sim y \qquad \Leftrightarrow \qquad x - y \in \mathbb{Z}$$

$\sim$에 의해 유도된 $\mathbb{R}/\sim$ 위의 상위상을 $\mathcal{U}$라 하자. $(\mathbb{R}/\sim, \mathcal{U})$가 유클리드 공간 $\mathbb{R}^2$의 부분공간인 단위원 S^1과 위상동형임을 증명하시오.

참고 문헌

[1] 박대희, 안승호, *위상수학*. 제5판, 경문사, 2022.

[2] Arhangelskii, A. V. and Ponomarev, V.I., *Fundamentals of General Topology, Problems and Exercises*. D. Reidel Publishing, 1984.

[3] Cho, Myung Hyun, *Discovering Modern General Topology*. Kyung Moon, 2001.

[4] Dugundji, J., *Topology*. Allyn and Bacon, 1966.

[5] Engelking, R., *General Topology*. 2nd ed. Heldermanj Verlag, 1989.

[6] Kunen, K., *Set Theory, An Introduction to Independence Proofs*. North-Holland, 1980.

[7] Lin, Y. F. and Lin S. Y. T., *Set Theory: An intuitive approach*. Houghton Mifflin, 1974.

[8] Morris, S. A., *Topology without Tears*. 2024. [https://www.topologywithouttears.net.]

[9] Munkres, J., *Topology*. 2nd ed. Prentice Hall, 2000.

[10] Patty, C. W., *Fundations of Topology*. Jones and Bartlett Publishers, 2008.

[11] Pinter, C. C., *Set theory*. Addison-Wesley, 1971.

[12] Steen, L. A. and Seebach, J. A., *Counterexamples in Topology*. Springer Verlag, 1978.

찾아보기

위상수학

지은이 김준희
펴낸이 조경희
펴낸곳 경문사
펴낸날 2024년 12월 23일 1판 1쇄
등 록 1979년 11월 9일 제1979-000023호
주 소 04057, 서울특별시 마포구 와우산로 174
전 화 (02)332-2004 팩스 (02)336-5193
이메일 kyungmoon@kyungmoon.com

값 16,000원

ISBN 979-11-6073-760-8